UG 模具技术应用

张兴强　赵　勇　编著

重庆大学出版社

内容简介

本书以产品设计—模具设计—自动编程的生产实际过程为主线,介绍了 UG NX5.0 中文版冲裁模具制作、注塑模具设计实际生成过程中的设计方法与实例。教学方法以行为引导学生为主,将教、学、做合一,引导读者进行模具技术应用实践。

本书内容翔实,选例典型,针对性强,叙述言简意赅,讲解透彻。全书配合教学实例及学后练习,能使读者快速、全面地掌握 UG NX5.0 并进行简单模具设计。

本书可作为高职高专、中专、中技的教材,也可作为工程技术人员、本科院校相关专业师生的自学参考书。

图书在版编目(CIP)数据

UG 模具技术应用/张兴强,赵勇编著. 一重庆:重庆大学出版社,2013.1
高职高专模具设计与制造专业系列教材
ISBN 978-7-5624-7086-1

Ⅰ.①U… Ⅱ.①张… Ⅲ.①模具—计算机辅助设计—应用软件—高等职业教育—教材 Ⅳ.①TG76-39

中国版本图书馆 CIP 数据核字(2012)第 288701 号

UG 模具技术应用

张兴强 赵 勇 编著
策划编辑:周 立
责任编辑:文 鹏 版式设计:周 立
责任校对:陈 力 责任印制:赵 晟

*

重庆大学出版社出版发行
出版人:邓晓益
社址:重庆市沙坪坝区大学城西路 21 号
邮编:401331
电话:(023)88617183 88617185(中小学)
传真:(023)88617186 88617166
网址:http://www.cqup.com.cn
邮箱:fxk@cqup.com.cn(营销中心)
全国新华书店经销
重庆金润印务有限公司印刷

• *

开本:787×1092 1/16 印张:10.25 字数:256千
2013 年 1 月第 1 版 2013 年 1 月第 1 次印刷
印数:1—3 000
ISBN 978-7-5624-7086-1 定价:21.00 元

前　言

Unigraphics(简称 UG)是集 CAD/CAE/CAM 一体的三维参数化软件,是当今世界最先进的计算机辅助设计、分析和制造软件,广泛应用于航空、航天、汽车、造船、通用机械和电子等工业领域。

UG 公司的产品主要有:为机械制造企业提供包括从设计、分析到制造应用的 Unigraphics 软件,基于 Windows 的设计与制图产品 Solid Edge,集团级产品数据管理系统 iMAN,产品可视化技术 ProductVision,以及被业界广泛使用的高精度边界表示的实体建模核心 Parasolid 在内的全线产品。UG 自出现以后,在航空航天、汽车、通用机械、工业设备、医疗器械以及其他高科技应用领域的机械设计和模具加工自动化的市场上得到了广泛的应用。多年来,UG 一直在支持美国通用汽车公司实施目前全球最大的虚拟产品开发项目,同时,它也是日本著名汽车零部件制造商 DENSO 公司的计算机应用标准,并在全球汽车行业得到了很大的应用,如 Navistar、底特律柴油机厂、Winnebago 和 Robert Bosch AG 等。

UG 进入中国以后,其在中国的业务有了很大的发展,中国已成为其远东区业务增长最快的国家。Unigraphics CAD/CAM/CAE 系统提供了一个基于过程的产品设计环境,使产品开发从设计到加工真正实现了数据的无缝集成,从而优化了企业的产品设计与制造。UG 面向过程驱动的技术是虚拟产品开发的关键技术。在面向过程驱动技术的环境中,用户的全部产品以及精确的数据模型能够在产品开发全过程的各个环节保持相关,从而有效地实现了并行工程。

目前,为了让基础相对薄弱的职业院校学生在有限的时间里学到更多的知识,需从教材、教学方法等方面进行教改,在现时的许多书籍中,很难找到一本能较完善地讲解生产实际过程,以及突出设计、加工时的应用技巧和应用要点的书籍,使读者在实际生产时难以灵活应用。

本书就是针对以上弊端编写的。本书以产品设计—模具设计—自动编程的生产实际过程为导线,先介绍产品设计相关的基础知识和在实际制造中模具设计的一些知识,然后再系统地介绍产品设计—模具设计—出工程图—自动编程的全过程,让读者真正掌握模具设计流程,并能在实际生产中运用自如。

本书的编书大纲、全书的统稿和整理由湖南科技工业职业技术学院张兴强完成,项目一和项目二由重庆市轻工业学校赵勇编著,项目三由张兴强编著,参编的有湖南科技大学张天乐。

由于编者水平有限,书中难免有不足之处,敬请专家和读者批评指正。

编　者

2012 年 7 月

目　录

项目一

3D 建模基础

【项目描述】

1.杯子产品的建模。

2.螺钉产品的建模。

3.弹簧产品的建模。

【项目目标】

1.掌握软件启动与退出方法。

2.认识 UG NX 界面。

3.掌握 UG NX 的文件操作。

4.掌握鼠标与键盘的使用。

5.掌握草图建模。

6.掌握常用成形特征建模。

7.掌握常用特征操作建模。

【能力目标】

1.能正确合理地启动与退出软件。

2.能正确合理地应用 UG NX 的文件操作。

3.能正确合理地应用草图建模的常用命令。

4.能正确应用常用曲线建模技巧。

5.能正确合理应用成形特征建模常用命令。

6.能正确合理应用特征操作建模常用命令。

任务一　杯子产品的建模

【场景设计】

1.机房的计算机按六边形(或教师根据机房具体情况而定)布置,学生6~8人一组。

2.机房配置多媒体、教学软件等。

3.备好考评所需的记录、评价表。

【建模基础】

一、UG NX5.0 图形界面

依次选择菜单项:"开始"→"程序"→"UGS NX5.0"→"NX5.0",就可以打开 UG 的程序主界面,如图 1.1.1 所示。

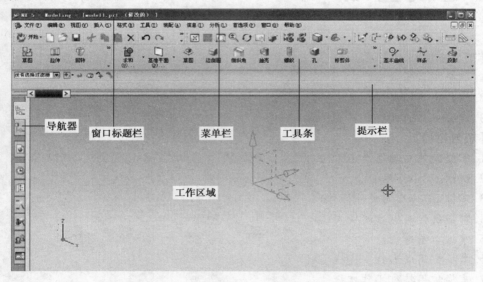

图 1.1.1

窗口标题栏:显示软件的版本以及当前使用的应用模块的名称和打开的文件名等信息。

菜单栏:主要用来调整 UG 各个功能模块和调用执行命令,以及对 UG 系统的参数进行设置。

工具栏:提供命令工具条,使得命令操作更加快捷。

工作区域:是绘图显示的主要区域。在进入绘图模式以后,工作区内就会显示选择球和辅助工具栏,用来显示光标在工作区中的位置。

提示栏:固定在主界面的下方,主要作用是提示用户如何操作。即执行每个命令步骤时,系统都会在提示栏中显示用户必须执行的动作,提示用户进行操作。

状态栏:主要用来显示系统状态及其执行情况。即在执行某项功能的时候,其执行结果显示在状态行中。

快捷菜单:在工作区中单击鼠标右键打开,并且在任何状态下均可打开。其中包括常用命令及其视图控制命令,便于绘图操作。

导航器:主要包含了装配导航器、部件导航器及 UG 帮助、历史等相关内容,用于建模过程中的监控和修改。

在 UG 中选择一个菜单选项或者单击某个图标,会打开相应的对话框,有的对话框还存在多个下一级对话框。这些对话框一般都用来设置参数、输入文本或者执行某项功能。大多数对话框底部都有确定、应用、退回、取消等按钮。对于不同的对话框,其按钮个数可能不同,但是各个按钮在不同对话框图中的功能相同的,各按钮含义说明如下:

确定:执行当前操作后退出对话框。

应用:执行当前操作以后不退出对话框,可以再次选择或设置相关参数,或者执行相关操作。

退回:不作任何操作,退出当前对话框并返回上一级对话框。

取消:取消当前操作,退出当前操作。

二、UG NX5.0 文件管理

文件管理包括了新建文件、打开文件、保存文件和关闭等操作。这些操作可以通过如图 1.1.2 所示的标准工具栏或如图 1.1.3 所示的下拉菜单以及菜单内相应的快捷键来完成。

图 1.1.2

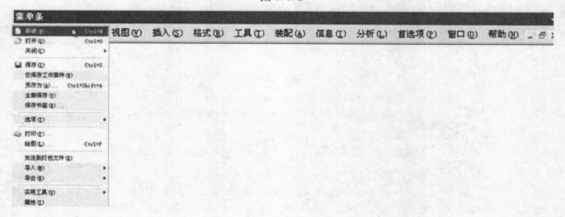

图 1.1.3

单击如图 1.1.4 所示的右上方小三角按钮,弹出按钮添加菜单,根据需要选择工具按钮,可以相应地添加或取消控制按钮。

1. 新建文件

依次选择菜单项:"文件"→"新建",或者单击新建按钮 并在弹出的新建部件文件对话框中文件名并单击"确定"按钮,即可新建文件。如图 1.1.5 所示。

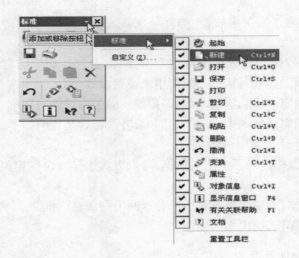

图 1.1.4

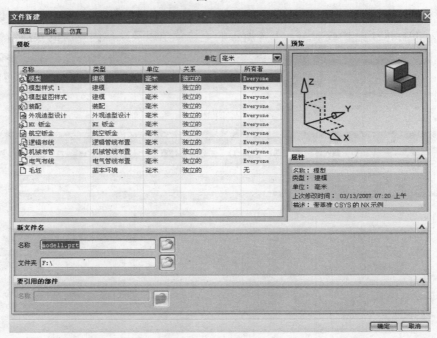

图 1.1.5

2. 打开文件

依次选择菜单项:"文件"→"打开",或者单击 按钮。弹出的"打开部件文件"对话框,如图 1.1.6 所示。对话框的文件列表框中列出了当前工作目录下存在的部件名称,可以直接选择要打开的部件目录,也可以直接在文件名对话框中输入要打开的部件名称。当然,对于当前目录下没有选择的文件名称时,可以在查找范围内找到文件所在目录。

【注意】在 UG 中,不管是新建文件或打开文件,其路径只能用英文或数字,不能用汉字路径。否则会报错,弹出如图 1.1.7 所示的提示框。

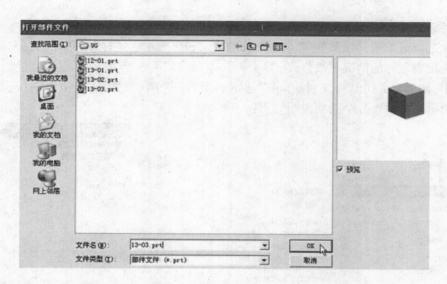

图 1.1.6

3. 保存文件

保存文件的时候,既可保存当前名称的文件,也可以另存为另起名称的文件,还可以保存显示文件或者对文件实体数据进行压缩。依次选择菜单项:"文件"→"选项"→"保存",系统会打开如图 1.1.8 所示的对话框,其中可以对保存选项进行设置。单击"浏览"按钮,可以对部件成员的安装目录进行设置,方法和打开文件中加载选项的指定目录方法一样。

图 1.1.7

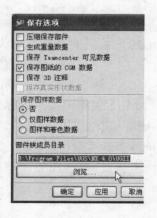

图 1.1.8

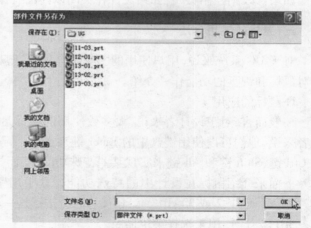

图 1.1.9

如果要保存文件,依次选择菜单项:"文件"→"保存",或者单击保存图标 ，直接对文件进行保存。如果依次选择菜单项:"文件"→"另保存",就会打开"另存为"对话框,在对话框中选择保存路径、文件名及保存类型,再单击"OK"按钮即可完成对文件的另保存,如图 1.1.9所示。

4.关闭文件

依次选择菜单项:"文件"→"关闭",如图 1.1.10 所示。这样就可以保证完成的工作不会在系统出现意外的情况下被修改。

其中,如果要关闭某个文件,单击"选定的部件"选项(见图 1.1.10),系统会打开如图 1.1.11 所示对话框。各个选项说明如下:

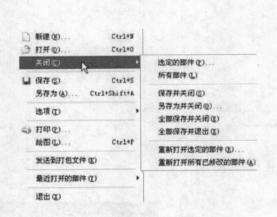

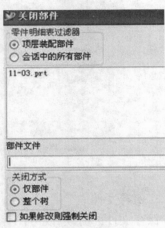

图 1.1.10   图 1.1.11

顶层装配部件:在文件表中只列出顶层装配文件,而不列出装配文件中的组件名称。

会话中的所有部件:在文件表中列出当前进程中的所有文件。

仅部件:关闭所选文件。

整个树:如果所选择文件为装配文件,则关闭属于装配文件的所有文件。

如果修改则强制关闭:如果文件在关闭以前没有保存,则强行关闭该文件。

三、鼠标的使用方法

对于 UG 系统来说,用户使用的工具是鼠标和键盘。在系统中,它们各有特殊的用法,下面对鼠标和键盘的功能作一介绍。

1.鼠标的应用

一般而言,对于设计者来说,大多数使用的鼠标是三键式。而对于使用两键式鼠标的设计者来说,他们可以使用键盘中的 Enter 键来实现三键式鼠标的中键功能。同时,结合键盘中的 Ctrl 键、Shift 键和 Alt 键来实现某些特殊功能,从而提高设计的效率和质量。

下面来介绍鼠标在设计中的特殊功能。其中用字母"SB?"来代替鼠标,用后面的问号"?"代替号码(1、2 或 3);用" +"号代替同时按键这一动作。

SB1(左键):用于选择菜单命令。

SB2(中键,或者滚轮):用于确定所执行的指令。

SB3(右键):用于显示快捷菜单。

Alt 键 + SB2:用于取消所实行的指令。

Shift 键 + SB1:取消之前在绘图区中所选取的对象,而在列表框中,这一操作是实现某一连续范围的多项选择。

Ctrl 键 + SB1：用于在列表框中选择多项连续或者不连续的选项。

Shift 键 + SB3：就某个选项打开其快捷菜单。

Alt 键 + Shift 键 + SB1：对于连续的选项进行选取。

2. 快捷键的应用

除了可以用鼠标进行设计，还可以利用键盘中的某些键进行设计，这些键就是快捷键。利用它们可以和 UG 系统进行很好的人机交流。对于选项的设置，一般情况是将鼠标移动至所要设置的选项处，另一方面，可以利用键盘中的某些键来进行设置。对于快捷键的运用，可以参考有关菜单栏中选项后面的标志。下面说明某些通用的快捷键。

Tab 键：将鼠标在对话框中的选项之间进行切换。

Shift 键 + Tab 键：在多选对话框中，将单个显示栏目往下一级移动，当光标位于某个选项上时，该选项在绘图区中对应的对象便亮显，以便选择。

方向键：对于单选框中的选项，可以利用它来进行选择。

Enter 键：相当于对话框中的"确定"按钮。

Ctrl 键 + C 键：相当于菜单选项中的复制功能。

Ctrl 键 + V 键：相当于菜单选项中的粘贴功能。

Ctrl 键 + X 键：相当于菜单选项中的剪切功能。

四、工具框的制定

当进入某个应用模块时，为了使用户拥有较大的图形窗口，在默认状态下，UG 软件只显示一些常用的工具栏以及他们常用的图标。用户可以根据自己的需要制定工具栏。操作方法是依次选择菜单项："工具"→"自定义"，也可以将鼠标移动到对话框或已经定义的工具栏上再单击鼠标右键，从弹出的菜单中选择自定义选项。

1. 工具栏的自定义

依次选择菜单项："工具"→"自定义"，系统打开如图 1.1.12 所示对话框。在"工具条"选项卡中，打开工具栏名称复选框，则相应的工具栏显示在主界面上；关闭工具栏名称复选框，则在主界面上隐藏相应的工具栏。

"新建"按钮：用于定制新的工具条。单击该按钮，打开如图 1.1.13 所示的对话框，在"名称"选项内输入新的工具条名称，单击"确定"按钮，完成新建工作。

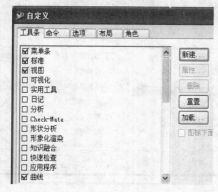

图 1.1.12

图 1.1.13

7

"属性"按钮:用于对新定制的工具条设定属性。

"删除"按钮:用于删除工具条。

"重置"按钮:用于恢复原有的工具条设置。

"加载"按钮:用于装入工具栏定义文件。

键盘:用于设置各个按钮对应键盘的快捷键设置,如图 1.1.14 所示。单击"报告"按钮,系统打开如图 1.1.15 所示的文本框,显示当前选择菜单条的快捷键清单。

图 1.1.14

2. 工具栏图标的显示与隐藏

"命令"选项卡如图 1.1.16 所示。该选项卡用于显示或者隐藏工具栏中的一些图标。

打开左侧菜单条中的下拉菜单,在右侧命令窗口中显示相应的命令内容,单击鼠标左键,在需要添加的命令上长按并将其拖动到工具栏中,即可完成添加。

如果需要删除某按钮,则在该按钮上单击鼠标右键,在弹出的菜单中单击"删除"按钮,即可完成操作。

3. 工具栏及提示行和状态行的摆放

"选项"按钮卡如图 1.1.17 所示。该选项卡用于设置工具图标的尺寸,以及设置快捷键的相关信息。

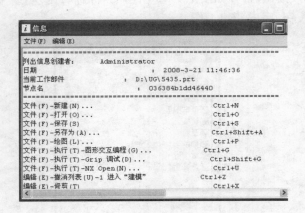

图 1.1.15

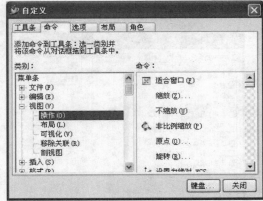

图 1.1.16

4. 布局

"布局"选项卡如图 1.1.18 所示。该选项卡用于定义工具栏的摆放方式是水平或者垂直,以及定义主界面中提示行和状态行出现的位置是顶部或者底部。

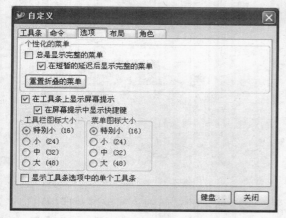

图 1.1.17

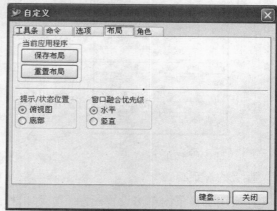

图 1.1.18

5. 角色

"角色"选项卡如图 1.1.19 所示。该选项卡用于定义工具栏定义,主要根据角色需要加载已有的控制工具条或者创建新的工具条。

五、图层操作

图 1.1.19

UG 建模时,为了方便各个实体及建立实体所做的辅助线、面、实体等之间的区分,而采用了图层。不同内容放在不同的层中,通过对层的操作可对同一类的图形对象进行共同的操作。

一个 UG 部件可以包含 1 ~ 256 个层,每个层都可以包含任一数量的对象。因此,一个层可以包含部件的所有对象,也可以将一个装配图中的各个部件放置在一个层中,而把部件中的对象分布在一个或者多个层中。

在一个部件的所有层中,一般只有一个层是工作层,而任何的操作都是在工作层上进行的。其他层分为可选择层、可见层和不可见层,可以对其可见性和可选择性进行操作。

1. 层类目录设定

设置图层分类有利于分类的管理,提高工作效率。要建立一个新分类的类目,可在工具条内单击类别图标 🥮 ,弹出如图 1.1.20 所示的对话框。在"类别"文本框中输入类目的名称,在"描述"文本框中输入相应的信息描述,单击"创建/编辑"按钮,系统打开如图 1.1.21 所示的对话框。在此选择要加入的类目的层,然后单击"添加"按钮,再单击"确定"按钮,即可完成新的类目的建立。

如果要编辑类目,只需要选择相应的类目名称,在"描述"文本框中输入相应修改好的描述信息,单击"加入描述"选项,就可以修改类目的描述信息;单击"创建/编辑"按钮,在打开的图层的"类别"对话框中选择欲向该类目中添加或者移去的层,再单击"重命名"按钮,即可删除或者重命名目类。

图 1.1.20   图 1.1.21

2. 层的设定

在实用工具条内单击设置图标 ，弹出如图 1.1.22 所示的对话框。利用该对话框可以对部件的所有层或者任意进行设置，并对层的信息进行查询，对层的分类进行编辑。

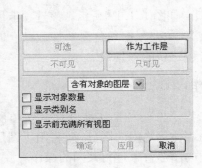

图 1.1.22

层的选择方法：

①在图层/状态列表中直接选择需要设置的层。

②在范围或类别文本框中输入层的范围或者类目，按回车键后，系统在图层/状态列表中列出相应的层名及其状态。

③利用类别过滤器，在其中输入需要过滤的类目名称，按回车键后，其下的层类目列表框显示相应的类目，然后从层类目列表框中选择需要在图层/状态列表框中列出的层。

层的状态设定：层一共有可选、工作层、不可见和只可见 4 种工作状态。选择需要设置的一个或者多个层后，即可单击相应的层状态按钮，然后单击"确定"或者"应用"按钮即可。

层的类目编辑：选择好层类目以后，单击"编辑类别"按钮即可对层的类目进行编辑。层及其状态列表框中显示控制信息。

利用过滤器控制：选择所有层选项，则图层/状态列表框中列出所有的层；选择指定层选项，则在图层/状态列表框中列出所有指定对象的层；

利用复选开关控制：选择显示对象数量选项，则在图层/状态列表框中显示层上的对象数；选择显示类别名选项，则在图层/状态列表框中显示层所属类目的名称。

六、点选择功能

在 UG 的功能操作中,许多功能对话框中(如"基本曲线"对话框)都有"点方式"选项,该选项就是点选择功能的选项。

图 1.1.23

图 1.1.24

点选择功能主要用于在绘图工作区中捕捉存在点或指定新点,是 UG 中最常用的一个系统功能。该选项通常都包含了一个下拉列表,图 1.1.23 所示的就是最常见的一种点选择功能的下拉列表选项。如果单击下拉菜单中的 ⭮… 按钮,就会弹出如图 1.1.24 所示的"点"对话框,其中包含了所有点选择相关的功能,在"类型"下拉列表框中列出了各类点类型的意义和作用。

自动判断的点:当鼠标移动至相关的点时,系统会自动判断一系列的点,如光标位置、已存在点、终点、端点、控制点或者交点等。

光标位置:选取光标所在位置的点。

已存在点:对在当前绘图区中存在的点进行选取。

终点:对位于直线、圆弧或者曲线上的终点进行判断选取。

控制点:对位于几何对象上的控制点进行判断选取。控制点是指已经存在的点,如二次曲线上的点,圆弧终点、中点、圆心,直线的终点和中点,样条线终点和节点,除此之外,还包括光标所在位置的点。

交点:对线与线或者线与面的交点进行判断选取。

圆弧/椭圆/球中心:对圆弧、椭圆或者球体的中心进行判断选取。

圆弧/椭圆上的角度:根据指定的圆心角度来判断圆弧或椭圆上的点,进而选取。

象限点:结合坐标象限,对圆弧或者椭圆上的点进行判断选取。

点在曲线/边上:对接近光标中心位置的曲线或者模型边上的点进行判断选取。

点在曲面上:对接近光标中心位置的曲面上的点进行判断选取。

七、类选择功能

UG 系统提供类选择功能。一般来说,对于在设计加工中涉及的多种设置,如类型、图层、颜色以及相关的设定,增加了选项特征的复杂性。因此,有必要在系统中设置筛选功能,类选择功能就应运而生。如图 1.1.25 所示是使用到"类选择"操作的功能。

工具栏中也有 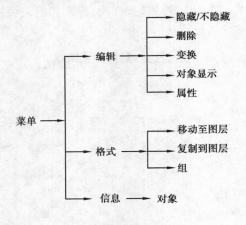 工具条,单击其中的"类选择"按钮,可以打开"类选择"对话框,如图 1.1.26 所示。在选择任何元素之后,在"Selection Objects(选择物体)"显示条中显示选择元素的数量。单击"全选"后面对应的 按钮,可以将当前绘图区中的所有元素选中。单击"反向选择"后面对应的 按钮,可以取消所有已经选择的所有元素,并且将原来没有选中的元素选中。可以在"Select by Name(按名称选择)"输入栏中输入需要选择的元素名称来进行选择。

在"过滤器"选项栏中,可以按用户指定的特征类型筛选所需特征。

图 1.1.25

类型过滤器 :指定所筛选的特征类型。选择该过滤方式可以打开"类选择"对话框,其中提供了几十种类型可供选择。同时单击 细节过滤 按钮,可以进行细节性地过滤筛选。在筛选特征的时候可能会遇到这种情况,就是所筛选的特征具有多种特征属性。为此,在如图 1.1.27 所示的对话框中选择属性时,可以通过以下途径来实现多种属性的选择。

图 1.1.26

图 1.1.27

➤在某一项的开头,例如选择"组件",然后按住鼠标左键不放,拖动鼠标至某一项,例如拖动至"实体",则选择了从"组件"到"实体"这一范围之内的选项,如图 1.1.28 所示。这种操作只能对某一范围相邻的多项进行选择。

➤如果想选择相邻或者不相邻的选项,则可以先用鼠标左键选择第一项,如选择"曲线",然后按住键盘中的 Ctrl 键选择另外一项,例如选择"草图",依次类推,就可以选择不相邻或者相邻的多个选项,如图 1.1.29 所示。

图层过滤器 :指定所筛选的特征所在的图层,单击 按钮后弹出如图 1.1.30 所示的对话框。在其中选择某个图层,接着单击 确定 按钮返回到上一级对话框中,也就是图1.1.26所

图 1.1.28

图 1.1.29

示的对话框,接着单击"全选"后面对应的 ⊞ 按钮,就能把该图层中的所有元素选中。

颜色过滤器 ▭▭▭▭ :指定所筛选特征的颜色。单击 ▭▭▭▭ 按钮弹出如图 1.1.31 所示的"颜色"对话框,在其中选择某种颜色,单击 确定 按钮返回到上一级对话框中,接着单击"全选"后面对应的 ⊞ 按钮,就可把该图层中的所有元素选中。也可以在"颜色"对话框中单击 按钮,接着选择绘图区中需要与指定的元素颜色相同的任何元素,就可将所选择元素的颜色作为要选择的颜色。

图 1.1.30

图 1.1.31

属性过滤器 :通过筛选属性进行特征的筛选,单击该按钮,可以打开如图 1.1.32 所示的"属性选择"对话框,在其中可以指定所筛选的特征应该具有或者不具有的特征属性。

Reset Filter(重设过滤器) :可以将前面所设置的过滤器取消。

【任务过程】

杯子产品如图 1.1.33 所示,厚度为 5 mm,请用曲线功能和旋转、倒圆功能完成建模。

利用曲线建模创建杯子的操作步骤:

(1)启动 UGNX5.0。直接从桌面上双击图标 ,或者依次选择菜单项:"开始"—"程序"—"UGS NX5.0",也可启动程序。

图 1.1.32

（2）新建文件。程序启动后其界面如图 1.1.34 所示。

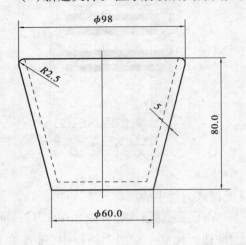

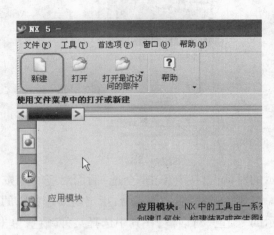

图 1.1.33   图 1.1.34

（3）单击 _{新建} 按钮，系统弹出菜单如图 1.1.35 所示，在名称中输入"beizi"，再单击 确定 按钮，系统进入建模状态，如图 1.1.36 所示。

图 1.1.35

（4）用曲线画图。

①增加基本曲线功能按钮：单击任一工具条上的倒三角形图标，按如图 1.1.37 所示选择"基本曲线"菜单项，则在工具条上添加了如图 1.1.38 所示的按钮。

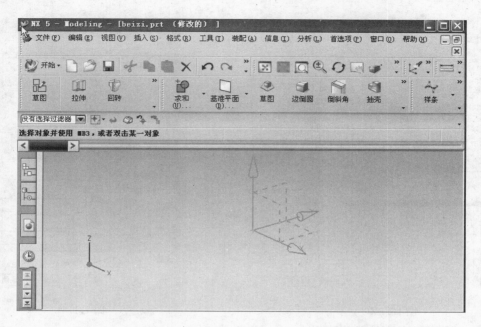

图 1.1.36

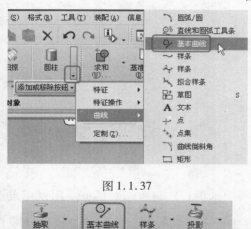

图 1.1.37

图 1.1.38

图 1.1.39

②画曲线:单击 按钮,系统弹出基本曲线对话框,如图 1.1.39 所示,单击对话框中点方法栏中的倒三角形图标,选择点构造器,如图 1.1.40 所示,系统弹出"点构造器"对话框,如图 1.1.41 所示。选绝对坐标并指定 XC=0,YC=0,ZC=0,单击 确定 按钮;继续指定 XC=30,YC=0,ZC=0,单击 确定 按钮;继续指定 XC=50,YC=80,ZC=0,单击 确定 按钮,再按 取消 按钮,系统退出画图,得到如图 1.1.42 所示图形。

③观察图形:若以上图形显示不清楚,可以按住鼠标中键移动(视图旋转),将光标停留在工作区域任一空白处再按住鼠标右键,直到出现如图1.1.43所示的透明命令。按住右键拖动到线框显示 ⬜,释放右键就可以看到如图 1.1.42 所示的曲线轮廓。

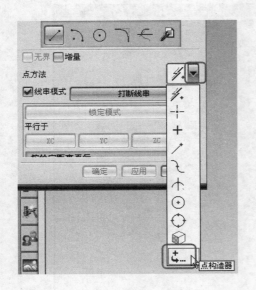

图 1.1.40

图 1.1.41

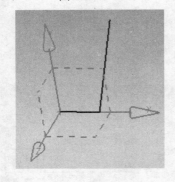

图 1.1.42

图 1.1.43

(5)旋转建模:单击工具条上的 按钮,系统弹出如图1.1.44所示对话框。用鼠标点选图 1.1.42 中的两条曲线,按鼠标确认,单击对话框中指定矢量的倒三角形,选择"YC 轴"选项,如图1.1.45所示。

继续单击图 1.1.44 对话框中的指定点的点构造器 ,在弹出的"点构造器"对话框中将坐标设为 X = Y = Z = 0,如图 1.1.41 所示,单击 确定 按钮返回到图 1.1.44 所示对话框,再单击 确定 按钮得到如图 1.1.46 所示图形;将光标停留在工作区域任一空白处按住鼠标右键,直到出现如图 1.1.43 所示透明命令,按住右键拖动到艺术显示 ,释放右键就可以看到如图 1.1.47 所示的实体模型。

16

图 1.1.44

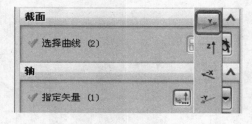

图 1.1.45

（6）实体抽壳：单击工具条上的 抽壳 按钮，系统弹出"类型"对话框并设定厚度为 5 mm，如图 1.1.48 所示。点选图形窗口中模型的大端面，单击 确定 按钮得到实体模型如图 1.1.49 所示。

（7）实体倒圆：单击工具条上的 边倒圆 按钮，系统弹出如图 1.1.50 所示对话框，并设定半径为 2.5 mm，点选图形实体的大端内外边缘，单击 确定 按钮得到实体模型如图 1.1.51 所示。

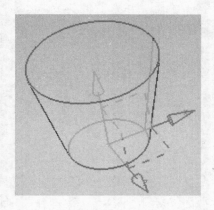

图 1.1.46

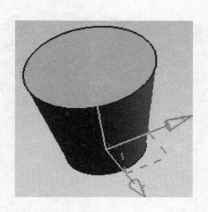

图 1.1.47

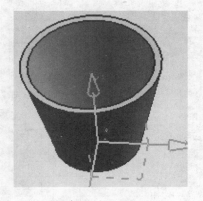

图 1.1.48

图 1.1.49

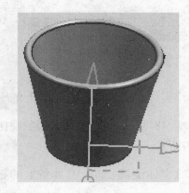

图 1.1.50

图 1.1.51

【任务考评】（以学生自评互评为主，教师综合评定）。

任务实施过程考核评价表（以上步骤）

	考评项目	配分	要　求	学生自评	小组互评	教师评定
知识准备	识图	5	正确性			
	基本命令	5	熟悉的程度			
任务完成	建模思路	10	建模思路的正确性考评			
	最佳的建模方案	10	最合理性			
	产品建模	40	建模图形合理性考评，操作过程的规范性、熟练性考评			
	任务实施过程记录	5	详细性			
	所遇问题与解决记录	5	成功性			
文明上机		5	违章不得分			
协调合作，成果展示		15	小组成员的参与积极性、成果展示的效果			
成　绩						

任务二　螺钉产品的建模

【场景设计】

1. 机房的计算机按六边形(或教师根据机房具体情况而定)布置,学生 6～8 人一组。
2. 机房配置多媒体、教学软件等。
3. 备好考评所需的记录、评价表。

【建模基础】

一、对象参数设定

依次选择菜单项:"首选项"→"对象",系统打开如图 1.2.1 所示的对话框。它主要用于设置新对象的属性,包括线型、线宽和颜色等。在该对话框中,可以根据新对象的类型进行个别属性设置,也可以编辑系统的默认值。编辑完系统的默认值后,再绘制的图像的属性将会是参数设置对话框中所设置的属性。

单击"颜色"选项,打开如图 1.2.2 对话框。单击"更多颜色"按钮,系统打开如图 1.2.3 所示的调色板对话框,提供给用户更多的颜色选项。

单击如图 1.2.1 所示对话框中的"分析"选项卡,打开如图 1.2.4 所示的对话框,主要用于设定分析曲面连续性时的偏矢量显示的线型、颜色等。

图 1.2.1

图 1.2.2

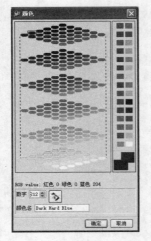

图 1.2.3

图 1.2.4

二、可视化参数设定

依次选择菜单项："首选项"→"可视化"，系统打开如图 1.2.5 所示的对话框。该对话框主要用于对窗口显示参数进行设置。窗口中有 9 个选项卡，可对不同对象进行设置。

1. 可视化

该选项卡用于设置视图的显示。其中，"一般"选项卡主要用于设置着色边颜色，隐藏边样式及光源参数等内容；"边显示"选项卡用于设置隐藏边、轮廓线、光顺边的颜色、字体和宽度等内容。

【注意】"边显示"选项卡只有在渲染样式中选择静态线框、面分析和局部着色选项时才可选。

2. 调色板

"调色板"选项卡用于编辑部件的颜色定义文件。用户可以打开已存储的 CDF 文件或者建立新的 CDF 文件。此外，用户还可以对颜色进行编辑以及显示相关颜色的信息，如图 1.2.6 所示。

在"可视化首选项"对话框内单击"编辑背景"按钮，系统打开如图 1.2.7 所示对话框。在这里可以设置背景颜色为单色或者渐变，渐变色是由顶部颜色向底部颜色过渡的。单击"默认渐变颜色"按钮，即可恢复系统设置的背景颜色。

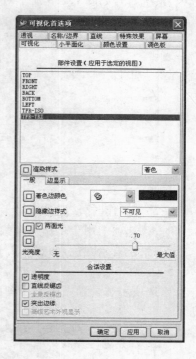

图 1.2.5

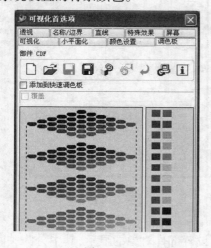

图 1.2.6

图 1.2.7

3. 小平面化

在"可视化首选项"对话框内选择"小平面化"选项卡，系统打开如图 1.2.8 所示对话框。该选项卡主要用于设置视图中部件的着色设置，其公差等级分为粗糙、标准、精细、特别精细、极端精细和自定义 6 个选项，用于设置部件在渲染过程中的精度等级。选择其中的"自定义"

选项,系统打开如图 1.2.9 所示对话框,用户可以对其中的选项进行自主设置。

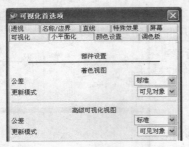

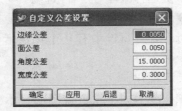

图 1.2.8   图 1.2.9

4. 颜色设置

在部件操作时,该选项卡用于设置其预选颜色、选择颜色及隐藏几何体的显示颜色;设置操作时,该选项卡用于工作平面颜色、装配工作部件颜色及手柄颜色;还可设置图纸的预选、选择、前景及背景颜色,如图 1.2.10 所示。

5. 透视

该选项用于设置操作时视图的透视距离,其中部件设置只用于工作视图,如图 1.2.11 所示。

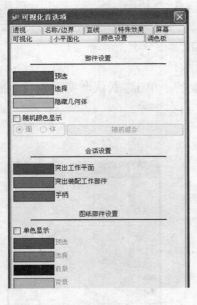

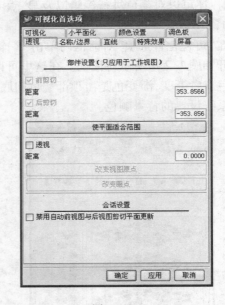

图 1.2.10   图 1.2.11

6. 名称/边界

"名称/边界"选项卡如图 1.2.12 所示,主要用于设置部件对象的显示,其中分为关、视图定义、工作视图 3 个选项。

7. 直线

"直线"选项卡如图 1.2.13 所示,主要用于设置线型显示以及曲线的公差等内容。

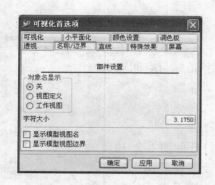

图 1.2.12

图 1.2.13

8. 特殊效果

"特殊效果"选项卡如图 1.2.14 所示,主要用于开启雾效果选项。选择该选项卡,单击"雾设置"按钮,系统打开如图 1.2.15 所示的对话框,用于详细设置雾的参数和显示效果。该部分内容将在后续的 UG 渲染模块进行详细介绍。

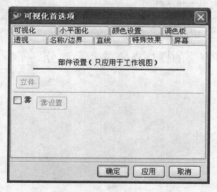

图 1.2.14

图 1.2.15

9. 屏幕

"屏幕"选项卡如图 1.2.16 所示,主用于设置屏幕满屏时的尺寸。单击"校准"按钮,系统打开如图 1.2.17 所示的"校准屏幕分辨率"对话框,用鼠标调整下边的滑动条,可以校准屏幕分辨率。

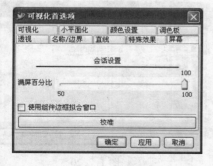

图 1.2.16

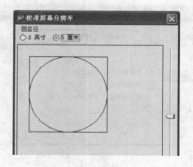

图 1.2.17

三、选择参数设定

依次选择菜单项:"首选项"→"选择首选项",系统打开如图
1.2.18所示的对话框。此对话框用于确定预先设十字光标与空间球
的大小、预选对象的提示颜色和预选对象的确认方法等参数。

四、工作平面设定

依次选择菜单项:"首选项"→"工作平面",系统打开如图 1.2.19
所示的对话框。该对话框用于设置图形窗口的网格及工作平面上对
象的突出显示等,包含设置栅格的类型、颜色、栅格线间隔及着重线间
隔等。选中"不均匀的"复选框,图 1.2.19 右侧所示的不可选取消,用
户可以定义 YC 方向上的栅格点间隔。

显示栅格开关 :用于确定是否显示栅格。

图 1.2.18

俘获栅格点开关 :用于确定光标是否可以捕获栅格点。

显示强调线开关 :用于确定是否显示强调线,也就是高亮显示的栅格线。

方形栅格:选择该选项,产生方形的栅格点阵。方形的栅格点阵的行和列分别平行于 XC
和 YC。

X 空间:方形栅格的列距离。

Y 空间:方形栅格的行距离。

栅格线间隔:指定格子单位是多少毫米或多少英寸。

格子大小:指定格子大小。

圆形栅格:选择该选项,产生扇形的栅格点阵。

径向空间:圆形栅格的径向间隔。

角度空间:圆形栅格的分布角度。

格子单位:指定格子单位是毫米还是英寸。

格子大小:指定格子的径向大小。

非工作平面上的显示方式有 3 种,如图 1.2.20 所示。

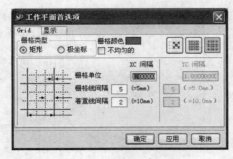

图 1.2.19

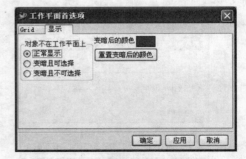

图 1.2.20

正常显示:用于在非工作平面上的对象与工作平面上的对象用相同的方式显示。

变暗且可选择:用于在非工作平面上的对象暗淡显示并且可以选择。

变暗且不可选择:用于在非工作平面上的对象暗淡显示,但是不可以选择。

五、矢量构造功能

在设计或加工中很多时候涉及单位的矢量方向,故有必要对此进行定义。

矢量构造器用来构造单位的矢量。矢量构造功能通常是UG"其他"功能中的一个子功能,可以在选项栏中单击 中的黑色小三角,弹出如图1.2.21所示的工具条,其中列出了可以建立的矢量方向的各项功能。在对话框中单击矢量构造器按钮 ,弹出如图1.2.22所示的"矢量"对话框。

图1.2.21　　　　　　　　　　　　　　　　图1.2.22

(1)系统根据选择对象自动判断定义的矢量,可以选择直线、曲线、两个点、曲面和平面的元素。例如选择一条曲线,那么建立的矢量如图1.2.23所示。

(2)通过两个点指定矢量。可以单击 按钮在弹出的菜单中选择一种建立点的方式,或者单击 按钮,弹出点构造器,根据所需建立点。选中或者建立的起始点显示在 Specify From Point (1) 中,而终止点显示在 Specify To Point (1) 中,可以单击这两个按钮,以突出显示所选择的点。如图1.2.24所示,就是选择了两个点来建立矢量的情况。

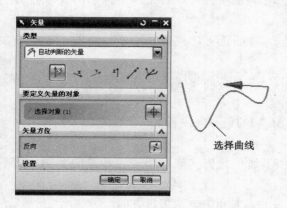

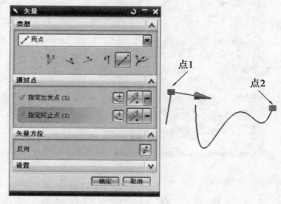

图1.2.23　　　　　　　　　　　　　　　　图1.2.24

(3)在XY平面中,指定与X轴的夹角来定义矢量,直接在"角度"输入栏中输入相应的角度即可,如图 1.2.25 所示。

边缘/曲线矢量:对边缘或者曲线的选择来定义矢量。如果选择的是直线,那么矢量的方向是从直线的开始点指向端点;如果选择的是弧线,那么矢量的方向是从弧线的圆心出发,指向弧线的法线方向。

在曲线矢量上:选择某一曲线上某一点的切线方式、法线方向或者曲线所在面的法线方向为矢量方向,至于点的位置,可以通过定义弧线长度或者所在位置占曲线长度的百分比来求得。如图 1.2.26 所示,选择一条曲线,在"Location on Curve(曲线上的位置)"选项栏中可以选择"圆弧长"或者"% Arc Length(弧长百分比)"来确定矢量的位置。如果选择"圆弧长",那么就在"圆弧长"输入栏中设定长度。在"Vector Orientation(矢量方向)"选项栏中单击按钮,可以切换选择不同的矢量方向,例如曲线上有 3 个选项,分别是曲线的切线、曲线的法向以及切线和法向的正交方向。

图 1.2.25

图 1.2.26

面的法向:指定面的法线方向或者圆柱体轴线方向为矢量方向。

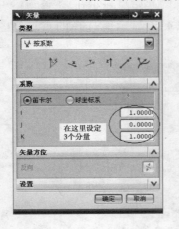

图 1.2.27

平面法向:指定基准面的法线方向为矢量方向。

基准轴:指定基准轴的方向为矢量方向。

XC 轴:指定 XC 轴的正方向或者某一坐标系的 X 轴正方向为矢量方向。

YC 轴:指定 YC 轴的正方向或者某一坐标系的 Y 轴正方向为矢量方向。

ZC 轴:指定 YC 轴的正方向或者某一坐标系的 Z 轴正方向为矢量方向。

-XC 轴:指定 XC 轴的负方向或者某一坐标系的 X 轴负方向为矢量方向。

-YC 轴:指定 XC 轴的负方向或者某一坐标系的 Y 轴负方向为矢量方向。

-ZC 轴:指定 ZC 轴的负方向或者某一坐标系的 Z 轴负方向为矢量方向。

按系数:可以在代表 X、Y、Z 轴方向的 I、J、K 这 3 个分量输入栏中输入相应的矢量分量值,如图 1.2.27 所示。

【任务过程】

如图 1.2.28 所示螺钉,请用基本体、曲线、螺纹功能建模。

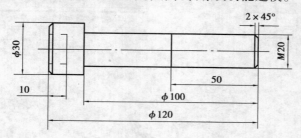

图 1.2.28

(1)新建文件名:启动 UG NX5.0 后单击按钮,系统弹出"文件新建"菜单,在名称中输入"luoding",单击 确定 按钮,系统进入建模状态。

(2)用基本特征画图。

①添加 圆柱 圆柱体功能按钮:单击任一工具条上的倒三角形,选择圆柱菜单选项,则在工具条上添加按钮。

②单击 圆柱 按钮,系统弹出对话框,并输入直径为"20",高度为"100",如图 1.2.29 所示,单击 应用 按钮,得到如图 1.2.30 所示的图形。继续在对话框中输入直径为"30",高度为"20",单击自动判断矢量按钮 ,在图形窗口中点选图形上表面,如图 1.2.31 所示。布尔运算选择 求和,再选择已建圆柱体,单击 确定 按钮,得到如图1.2.32所示实体。

图 1.2.29

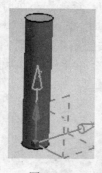

图 1.2.30

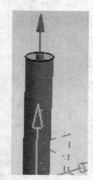

图 1.2.31

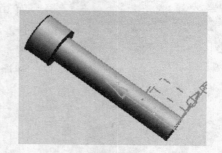

图 1.2.32

(3)画六边形曲线:按前述方法添加多边形按钮 ,单击后系统弹出如图 1.2.33 所示对话框,侧边数输入"6"后单击 确定 按钮,系统弹出如图 1.2.34 所示对话框。在对话框中单击"内接半径"按钮,在弹出的点构造器中选择大圆柱上平面,再设定内接半径与方位角,如图 1.2.35,单击 确定 按钮,得到如图 1.2.36 所示的曲线。

图 1.2.33   图 1.2.34

图 1.2.35   图 1.2.36

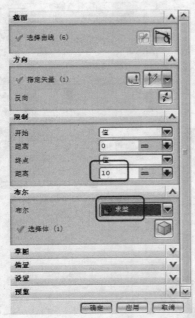

图 1.2.37

（4）拉伸建模：单击 按钮，在弹出的对话框中选择如图 1.2.37 所示参数，图形显示如图 1.2.38 所示。单击 确定 按钮，得到如图 1.2.39 所示实体。

（5）端面倒角：单击工具条上 按钮，在弹出的对话框中输入距离为"2"，如图 1.2.40 所示；选择图形窗口中的小圆柱端面线，如图 1.2.41 所示，再单击 确定 按钮，得到如图1.2.42所示的倒角。

（6）建立螺纹：在工具条中添加螺纹按钮 ，单击后系统弹出如图 1.2.43 所示的对话框，系统提示选择圆柱面，单击图形窗口中的小圆柱表面；系统提示选择起始面，单击图形窗口中的小圆柱端面；系统又弹出如图1.2.44所示的对话框，单击 确定 按钮后系统又返回到如图 1.2.45 对话框，修改长度为"50"，单击 确定 按钮，得到如图 1.2.46 所示的螺纹。

图 1.2.38

图 1.2.39

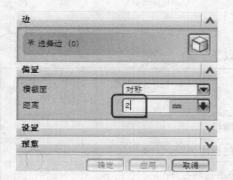

图 1.2.40

图 1.2.41

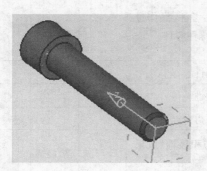

图 1.2.42

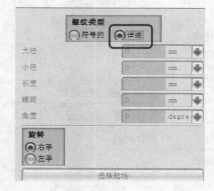

图 1.2.43

图 1.2.44

图 1.2.45

图 1.2.46

29

【任务考评】（以学生自评互评为主,教师综合评定）。

任务实施过程考核评价表(以上步骤)

考评项目		配分	要 求	学生自评	小组互评	教师评定
知识准备	识图	5	正确性			
	基本命令	5	熟悉的程度			
任务完成	建模思路	10	建模思路的正确性考评			
	最佳的建模方案	10	最合理性			
	产品建模	40	建模图形合理性考评,操作过程的规范性、熟练性考评			
	任务实施过程记录	5	详细性			
	所遇问题与解决记录	5	成功性			
文明上机		5	违章不得分			
协调合作,成果展示		15	小组成员的参与积极性、成果展示的效果			
成 绩						

任务三 弹簧产品的建模

【场景设计】

1. 机房的计算机按六边形(或教师根据机房具体情况而定)布置,学生6~8人一组。
2. 机房配置多媒体、教学软件等。
3. 备好考评所需的记录、评价表。

【建模基础】

一、坐标系构造功能

对于零件的特殊部位,需要定义相关的坐标系来进行设计或加工。为此,就要用到坐标系构造功能。选择主菜单中的"格式"选项,选择其下拉菜单中的"WCS",弹出坐标系功能子菜单,如图1.3.1所示。下面通过例子介绍坐标系各项功能的使用方法。

默认情况下,坐标系菜单会选中 显示(P) 选项,这样就可以在绘图区中显示坐标系。

在坐标系子菜单中选择 原点(O) 选项,弹出"点构造器"的对话框,指定一个点作为坐标原点,如图1.3.2所示。

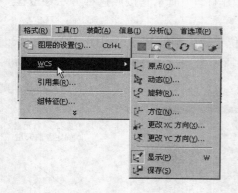

图 1.3.1

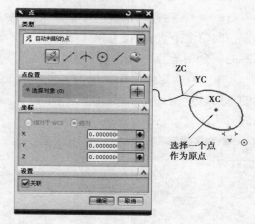

图 1.3.2

在菜单中选择 动态(D) 选项,可以将坐标系激活为动态坐标系,此时可改变坐标原点及坐标方向,拖动坐标系中的原点方块到新的坐标原点位置即可,如图1.3.3所示。拖动坐标系中的圆球,可以改变坐标的方向,如图1.3.4所示。

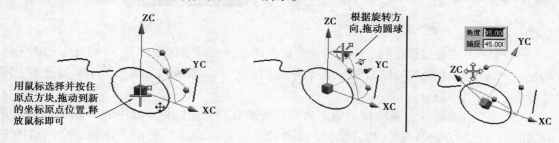

图 1.3.3

图 1.3.4

31

在菜单中选择 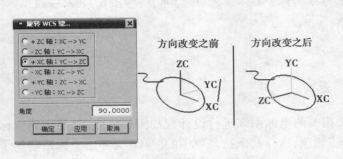 旋转(R) 选项,弹出"旋转 WCS"对话框,在其中设定旋转方向和旋转角度,单击 确定 按钮,完成旋转,结果如图 1.3.5 所示。

在菜单中选择 定向(N) 选项,弹出如图 1.3.6 所示的"CSYS"对话框,其中的"类型"下拉列表框中列出了 13 个构建坐标系的功能。

图 1.3.5

图 1.3.6

动态:可以按照前面所述的方法,通过鼠标选择元素,系统自动判断坐标系的位置,并且可以用鼠标拖动坐标系的方向。

自动判断:基于对实际几何体或者坐标分量的选择来定义坐标系。

原点,X点,Y点:通过指定的 3 个点来定制坐标系。其中,第一点为原点,X 轴方向是从第一个点指向第二个点,再按右手法则确定 Y,Z 轴方向。如图 1.3.7 所示是按照这种方法建立坐标系的一个例子。

X-轴,Y-轴:指定两个矢量以定义坐标系。其中,原点位于两矢量的交点,X 轴正向为第一矢量的方向,再按右手法则确定 Y,Z 轴方向。如图 1.3.8 所示是通过选择两条直线来确定坐标系的方法。

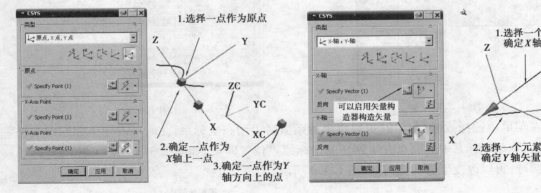

图 1.3.7

图 1.3.8

X-轴,Y-轴,原点:通过指定两个矢量和一个点来建立关联的坐标系。其中,原点位于两矢量的交点,X 轴正向为第一矢量的方向,按右手法则确定 Y,Z 轴方向。如图 1.3.9 所示是应用这种方法的一个例子。

Z轴,X点:通过选定 Z 轴和 X 轴上的一点来进行定义坐标系。其中的 X 轴方向是从 Z 轴到所指定点的方向,Y 轴由 X、Z 轴按右手法则来确定。如图 1.3.10 所示就是应用这种方法的一个例子。

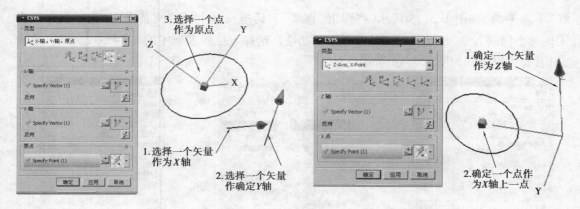

图 1.3.9　　　　　　　　　　　　　　　　图 1.3.10

📐 对象的 CSYS：这里的对象是指平面、平面曲线或者工程图坐标系,用这些对象来定义关联的坐标系,所选择对象的面就是 XOY 平面。

📐 点,垂直于曲线：所定义的坐标系经过选定的点和与之正交的曲线。如图 1.3.11 所示是根据这种方法建立坐标系的示例。

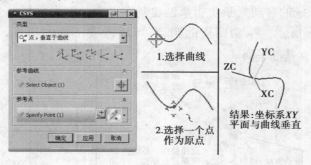

图 1.3.11

📐 平面和矢量：通过选择平面和矢量来定义坐标系。所选平面的法线方向就是坐标系的 X 轴正向,矢量在所选平面的投影就是坐标系的 Y 轴方向,矢量与平面的交点就是坐标原点。

📐 三平面：通过选取 3 个关联的平面来定义坐标系。X 轴的正方向为第一个平面的法线方向,而第二个平面的法线方向为 Y 轴正向,坐标原点就是 3 个平面的交点。

📐 ACS：在绝对坐标系处定义坐标系,坐标轴的方向与绝对坐标系重合。

📐 当前视图的 CSYS：坐标系是通过当前的视图来建立的,X 轴方向平行于视图的底面,Y 轴平行于视图的侧边,原点就是视图的原点。

📐 偏置 CSYS：在 X、Y、Z 这 3 个方向上分别输入偏移值来指定所建立的新坐标系相对于当前坐标系的偏移值,进而建立所需的坐标系。

二、基准平面构造功能

在设计或者加工中,经常涉及基准平面的建立。为此,UG 系统提供了相关的基准平面的构造功能,与此对应的是 UG 系统的“基准平面”对话框,如图 1.3.12 所示。依次选择“插入”→“基准/点”→ 🔲 基准平面(D)... ,弹出“基准平面”对话框。

基准平面功能是一个子功能,通常是在其他功能中被调用。例如依次选择“插入”→“曲线"→ 直线(L)，如图 1.3.13 所示，将弹出"直线"对话框。其中，在"支持平面"选项栏中列出了构建平面的方法，也就是建立基准平面的功能。选择下拉列表框中的 选择平面选项后，单击 按钮，可以打开如图 1.3.14 所示的对话框。

图 1.3.12　　　　　　　　　图 1.3.13　　　　　　　　　图 1.3.14

在图 1.3.12 所示的"基准平面"对话框的"类型"下拉列表框中，列出了 14 种构建平面的方法，简要介绍如下。

自动判断：通过系统的自动判断功能来创建基准平面。首先选择一个元素，例如选择一条曲线，如图 1.3.15 所示。拖动四周的圆球，可以改变平面的边界，再在对话框中单击 确定 按钮，即可建立基准平面。

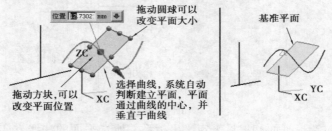

图 1.3.15

点和方向：通过指定关联点和一个方向来创建基准平面。其中，所指定的方向是基准平面的法线方向，点是基准平面经过的点，如图 1.3.16 所示。

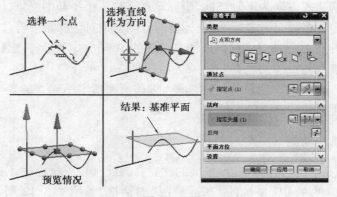

图 1.3.16

在曲线上：指定某一曲线，并指定曲线上某一点为基准平面经过的点，平面的法向可以是曲线在该点的切线方向,其操作方法如图 1.3.17 所示。

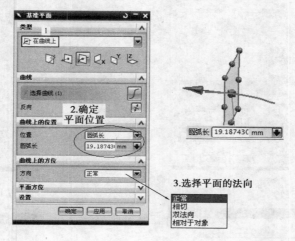

图 1.3.17

按某一距离:通过定义一个参考平面,设置平面之间的距离,并且设置偏移生成的平面数量,从而生成一系列的平行平面,如图 1.3.18 所示。新增平面位于参考平面的左侧或者右侧,可以通过单击对话框中的反向按钮 来实现。

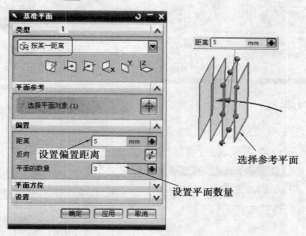

图 1.3.18

成一角度:通过选定一个参考面,并指定一个旋转轴,然后指定相对参考旋转的角度,从而定义基准平面,如图 1.3.19 所示。

Bisector:指定两平面之间的平分平面为基准平面,如图 1.3.20 所示。

曲线和点:指定一曲线和一个不在曲线上的点来定义基准平面,这个基准平面同时通过曲线和点,操作方法如图 1.3.21 所示。

两直线:通过选择两条存在的直线来定义基准平面。如果所选择的两条直线共面,那么所定义的平面包含所选择的直线;否则,所定义的基准平面只通过其中一条直线,而平行于另外一条直线,如图 1.3.22 所示。

在点、线或面上与面相切:通过指定基准平面所通过的点、线或者面,并与指定面相切,进而定义

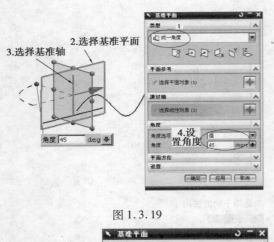

图 1.3.19

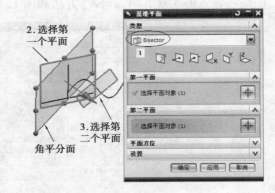

图 1.3.20

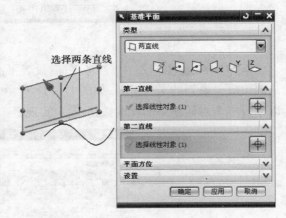

图 1.3.21

图 1.3.22

所需的基准平面,如图 1.3.23 所示。

　　通过对象:选取平面对象特征,该平面对象所在的平面为基准平面,如图 1.3.24 所示。

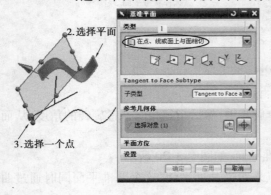

图 1.3.23

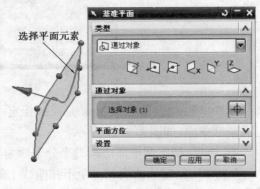

图 1.3.24

　　XC-YC plane:指定当前的 $XC—YC$ 平面为参考平面,并指定基准平面相对参考平面的偏移值,进而定义所需的基准平面。其参考平面还分绝对和相对两种,以便针对实际操作选取。

　　XC-ZC plane:指定当前的 $XC—ZC$ 平面为参考平面,并指定基准平面相对参考平面的偏移值,进而定义所需的基准平面。其参考平面还分绝对和相对两种,以便针对实际操作选取。

YC-ZC plane：指定当前的 $XC—ZC$ 平面为参考平面，并指定基准平面相对参考平面的偏移值，进而定义所需的基准平面。其参考平面还分绝对和相对两种，以便针对实际操作选取。以上 3 种情况如图 1.3.25 所示。

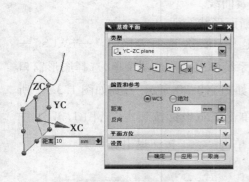

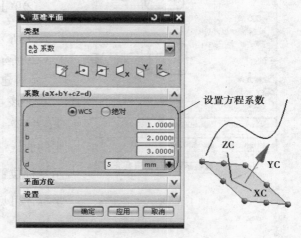

图 1.3.25　　　　　　　　　　　　　　　　　　图 1.3.26

系数：通过设定平面方程的各系数 a,b,c,d 来定义基准平面，对于工作坐标系（WCS），平面方程为 $aXC+bYC+cZC=d$；对于绝对坐标系，基准平面的方程为 $aX+bY+cZ=d$，如图 1.3.26 所示。

【任务过程】

用螺旋曲线、基本曲线和扫掠功能建模，如图 1.3.27 所示。

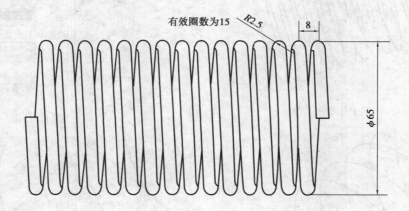

图 1.3.27

（1）新建文件名：启动 UG NX5.0 后单击 新建 按钮，系统弹出菜单如图 1.1.35 所示。在名称栏中输入"tanhuang"，单击 确定 按钮，系统进入建模状态如图 1.1.36 所示。

（2）用螺旋线特征画图。

①添加螺旋线功能按钮：单击任一工具条上的倒三角形，如图 1.1.37 所示，选择螺旋线

图 1.3.28

菜单选项,则在工具条上添加了 按钮。

②单击 按钮,在弹出的对话框中输入如图 1.3.28 所示参数,再单击 确定 按钮,得到如图 1.3.29 所示弹簧曲线。

(3)建立断面形状特征。

①移动坐标:依次选择"格式"—"WCS"— 原点(O)…,系统弹出点构造器菜单,选择图形窗口中的曲线端点如图 1.3.30 所示,得到如图 1.3.31 所示坐标位置(单击显示坐标按钮 ,图 1.3.31 中坐标才可见),单击 取消 按钮退出。

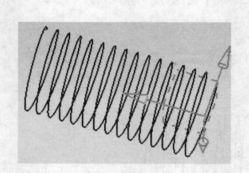

图 1.3.29

图 1.3.30

图 1.3.31

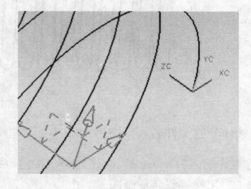

图 1.3.32

②旋转坐标:依次选择菜单"格式"—"WCS"— 旋转(R)…,在弹出的对话框中选择如

图 1.3.33 所示参数,单击 确定 按钮得到如图 1.3.34 所示坐标。

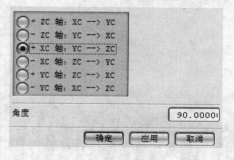

图 1.3.33

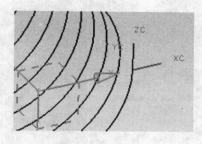

图 1.3.34

③画断面曲线:单击 基本曲线 按钮,在弹出的对话框中选择如图 1.3.35 所示,在弹出的点构造器中设置 $XC = YC = ZC = 0$,单击 确定 按钮;又在点构造器对话框中设置 $XC = 2.5$,$YC = ZC = 0$,单击 确定 按钮,得到如图 1.3.36 所示的断面曲线圆。

图 1.3.35

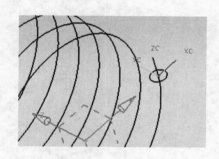

图 1.3.36

④扫描建模:单击 扫掠 按钮,系统弹出对话框如图 1.3.37 所示;系统提示选择截面曲线,点选图形窗口中的小圆,按两次中键;系统又提示选择引导线曲线,点选图形窗口中的螺旋线,按两次中键,得到如图 1.3.38 所示的弹簧实体。

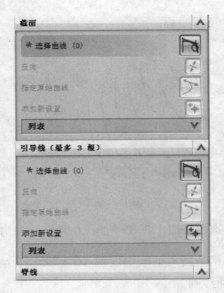

图 1.3.37

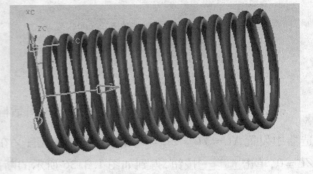

图 1.3.38

【任务考评】（以学生自评互评为主，教师综合评定）。

任务实施过程考核评价表（以上步骤）

考评项目		配分	要 求	学生自评	小组互评	教师评定
知识准备	识图	5	正确性			
	基本命令	5	熟悉的程度			
任务完成	建模思路	10	建模思路的正确性考评			
	最佳的建模方案	10	最合理性			
	产品建模	40	建模图形合理性考评，操作过程的规范性、熟练性考评			
	任务实施过程记录	5	详细性			
	所遇问题与解决记录	5	成功性			
文明上机		5	违章不得分			
协调合作，成果展示		15	小组成员的参与积极性、成果展示的效果			
成 绩						

练习题一

1. 实体建模如下图所示。

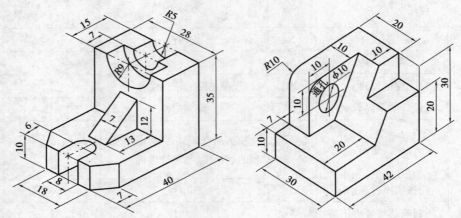

2. 请用学习过的操作方法对下图所示的图形进行建模。

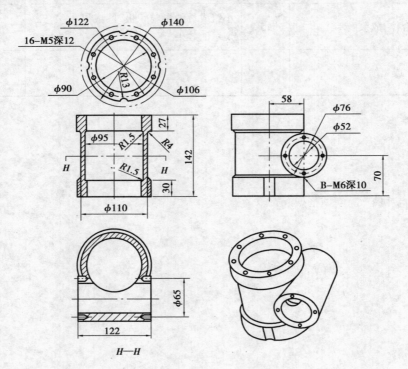

H—H

项目二

六边形产品无导柱冲裁模制作

【项目描述】

1. 创建六边形产品的实体模型。
2. 冲裁凸模的设计。
3. 冲裁凹模的设计。
4. 冲头板的建模与压板的建模。
5. 上模板的建模与键的建模。
6. 卸料器的建模与夹紧板的建模。
7. 冲裁模的装配。
8. 转换工程制图方法。

【项目目标】

1. 掌握草图建模。
2. 掌握常用曲线建模。
3. 掌握常用成形特征建模。
4. 掌握常用特征操作建模。
5. 掌握装配基本命令。
6. 理解转换工程制图方法。

【能力目标】

1. 能正确合理应用草图建模的常用命令。
2. 能正确应用常用曲线建模技巧。
3. 能正确合理应用成形特征建模常用命令。
4. 能正确合理应用特征操作建模常用命令。
5. 能正确应用装配基本命令。
6. 能正确合理应用转换工程制图方法。

任务一　六边形零件的建模

【场景设计】

1. 机房的计算机按六边形(或教师根据机房具体情况而定)布置,学生6~8人一组。

2. 机房配置多媒体、教学软件等。

3. 备好考评所需的记录、评价表。

【建模基础】

一、确定草图绘制平面

进入草图模式进行绘图前,必须先设置一个绘图平面,然后再进行相应操作。用户通过单击特征工具栏中的 ▦ 按钮,或者选择菜单命令"插入"—"草图"进入草图工作界面,通过如图2.1.1所示的"创建草图"对话框来确定草图绘制平面,默认为 X—Y 平面。

二、退出草图

当利用草图各命令完成一幅草图的时候,为了利用该草图来创建实体,需要退出草图模块。此时,用户可以单击草图生成器工具栏上的 ✕✕ 完成草图 按钮,或者选择菜单命令"草图"—"完成草图"来退出草图绘制界面。

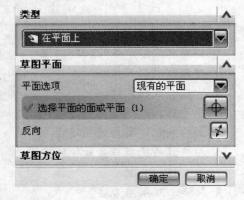

图2.1.1

三、草图曲线

用直线、圆弧等绘制和编辑图形,是UG最常用的功能,如图2.1.2所示。

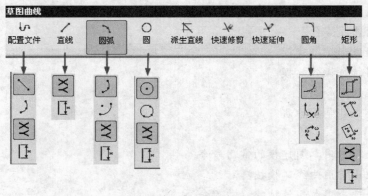

图2.1.2

四、草图约束

草图约束是限制草图的形状,包括几何约束和尺寸约束。当进行几何约束或尺寸约束时,状态栏会实时显示草图的约束状态,如缺少 n 个约束、已完全约束或过约束,从而准确控制草图的位置和尺寸大小,如图 2.1.3 所示。

图 2.1.3

尺寸约束:建立草图对象的大小或两个之间的关系,以准确控制形状和位置尺寸。如图 2.1.4 所示。

图 2.1.4

几何约束:建立草图对象的几何特性或多个几何之间的关系,如图 2.1.5 所示。

图 2.1.5

显示所有约束:显示当前图形中所有的约束。

显示/移除约束:显示和移除当前图形中的一个或多个约束,如图 2.1.6 所示。

转换/参考对象:将当前的参考线或实线转换成实线或参考线,如图 2.1.7 所示。

图 2.1.6

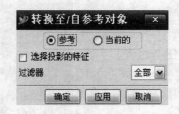

图 2.1.7

五、草图操作

草图操作包括草图对象进行编辑、镜像、添加及抽取对象到草图等操作,如图 2.1.8 所示。

镜像:通过一直线对草图镜像,得出另一对称的图形,如图 2.1.9 所示。

图 2.1.8   图 2.1.9

【注意】在镜像操作时,被选作中心线的直线自动转换成参考线;镜像操作适用于轴对称图。

偏置曲线:对曲线或实体边进行偏置抽取,建立新的曲线,如图 2.1.10 所示。

图 2.1.10

求交:对两个相交的面抽取公共的相交曲线。

投影:通过矢量方向抽取现有的曲线或实体边作为草图曲线,如图 2.1.11 所示。

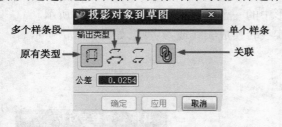   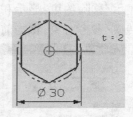

图 2.1.11   图 2.1.12

【任务过程】

已知冲压产品如图 2.1.12 所示,材料为 08F,试对该产品建模。

利用草图建模创建六边形的操作步骤:

(1)单击 新建 按钮,系统弹出菜单如图 1.1.34 所示,在名称中输入"chongya",单击 确定 按钮,系统进入建模状态,如图 1.1.35 所示。

(2)单击 按钮,系统弹出菜单如图 2.1.6 所示,单击 确定 按钮,系统进入草图界面;

单击 ⊙ 按钮,在坐标中心处画圆如图2.1.13、图2.1.14所示,单击 配置文件 按钮,在圆内任意画六边形如图2.1.15所示,又单击 约束 按钮,通过垂直、平行、相等约束方式得到图形如图2.1.16所示;最后单击 转换至/自参考对 按钮,选择图中的圆,将其转换成参考线,如图2.1.17所示。

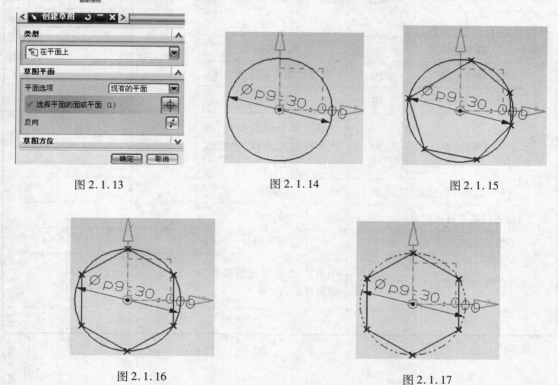

图2.1.13　　　　　　　　　图2.1.14　　　　　　　　　图2.1.15

图2.1.16　　　　　　　　　　　　　图2.1.17

（3）单击 完成草图 按钮退出草图。单击 拉伸 按钮,选择图中的六边形线,再输入"2",如图2.1.18所示。单击 确定 按钮后,隐藏曲线和坐标后得到如图2.1.19所示图形。

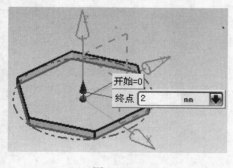

图2.1.18

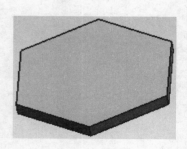

图2.1.19

【任务考评】（以学生自评互评为主，教师综合评定）。

任务实施过程考核评价表（以上步骤）

	考评项目	配分	要　求	学生自评	小组互评	教师评定
知识准备	识图	5	正确性			
	基本命令	5	熟悉的程度			
任务完成	建模思路	10	建模思路的正确性考评			
	最佳的建模方案	10	最合理性			
	产品建模	40	建模图形合理性考评，操作过程的规范性、熟练性考评			
	任务实施过程记录	5	详细性			
	所遇问题与解决记录	5	成功性			
文明上机		5	违章不得分			
协调合作，成果展示		15	小组成员的参与积极性、成果展示的效果			
成　绩						

任务二　六边形零件冲裁凸模、凹模的建模

【场景设计】

1. 机房的计算机按六边形(或教师根据机房具体情况而定)布置,学生6~8人一组。
2. 机房配置多媒体、教学软件等。
3. 备好考评所需的记录、评价表。

【建模基础】

一、基本体

UG NX5.0 在进行实体建模的过程中无需草图,必要时可进行全参数设计;无需定义和参数化新曲线——可直接利用实体边缘,基本特征有:长方体、圆柱体、圆锥体、球体。

(1)长方体:建立长方形实体,如图 2.2.1 所示。

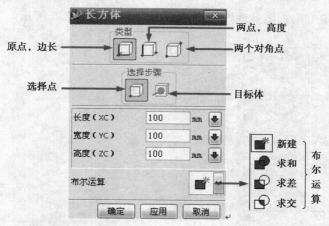

图 2.2.1

■:建立新特征,新特征为工具体,已有的特征为目标体;

●:两实体合并,要求工具体与目标体必须接触或相交;

●:两实体相减,要求工具体与目标体必须相交;

●:两实体取公共部分,要求工具体与目标体必须相交。

(2)圆柱体:新建或在已有的实体上建立圆柱体,建模方式如图 2.2.2 所示。

图 2.2.2

(3)圆锥体:新建或在已有的实体上建立圆锥体,建模方式如图 2.2.3 所示。

(4)球体:新建或在已有的实体上建立圆球,建模方式如图 2.2.4 所示。

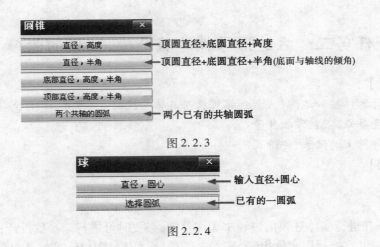

图 2.2.3

图 2.2.4

二、拉伸

拉伸是通过指定方向扫描截面线串而得到的实体,如图 2.2.5 所示。

图 2.2.5

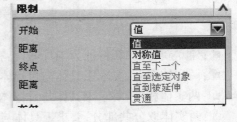

图 2.2.6

单击"拉伸"对话框上"截面"选项卡中的"选择曲线"按钮 ,可选取已经绘制好的草图曲线。如果没有提前绘制好草图,则可以单击"截面"选项中的 按钮,弹出"创建草图"对话框,在"类型"选项中,可通过以下两种方式来选取草图绘制的平面。

【在平面上】:用户选取现有平面、实体表面或者基准面等。

【在轨迹上】:用户通过选取曲线轨迹来定义平面。

在选定已经绘制好的草图以后,通过单击"拉伸"对话框"方向"选项中的 按钮,可指定草图即将拉伸的方向。如果在下拉工具栏中找不到所需的方向,则可以单击 按钮,在弹出的"矢量"对话框中,用户可以自己构造矢量。

对话框中的"限制"选项,包括了"开始"和"终点"两个部分,用户可以通过对它们的指定来限制草图拉伸的长度和距离,从而达到控制实体形状的目的。图2.2.6所示为"值"下拉列表。

对话框中的"布尔"选项主要用于指定生成以后的实体与其他实体对象的关系,包括无(创建)、求和、求差、求交等几种方式。用户可以通过对话框中的"偏置"选项生成特征,该特征主要是由曲线或者边的基本设置偏置一个常数值,主要包括无、单侧、两侧和对称等。

图2.2.7

另外,在选择图形上的曲线时,可以通过选择意图来限定范围,如图2.2.7所示。

三、旋转

这是指通过绕一轴线旋转不同角度而得到回转实体,如图2.2.8所示。

图2.2.8

● 对话框中的"轴"选项包括"指定矢量"和"指定点"两个方面,主要用于指定草图回转时所绕的轴。

● 矢量的方向和参考点的位置对回转功能有着举足轻重的作用,就同一个草图来说,如果用户所指定的回转矢量和参考点不同,所得到的回转体将大相径庭。

● 对话框中的"限制"选项用于限制旋转的角度。"值"下拉列表中主要给出了"值"和"直至选定对象"两个选项供用户选择。

● "布尔"选项主要是用于指定生成以后的实体与其他实体对象的关系,包括无(创建)、求和、求差、求交等几种方式。

● "偏置"选项主要是用于编辑草图在回转的过程中实体表面偏置的大小。

四、扫掠

这是指沿引导线(路径)拉伸一个开口或封闭的截面线串而得到实体,如图2.2.9所示。

图 2.2.9

其操作按提示进行即可,简单方便,这里不再叙述。

【任务过程】

1. 建立排样结构

建立排样结构如图 2.2.10 所示排样,要求采用原有的产品图样进行建模。

利用草图建模创建排样条料的操作步骤:

(1)单击 按钮,系统弹出菜单中选择任务
1 中已建的"chongya"零件,按 确定 按钮,系
统进入建模状态。

(2)单击 按钮,选择零件的上平面为放置
平面,在弹出菜单中选择如图 2.2.11 所示,按
确定 按钮,系统进入草图界面,如图 2.2.12 所示。

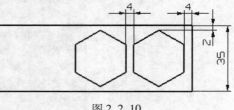

图 2.2.10

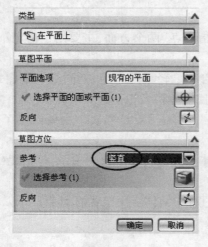

图 2.2.11

图 2.2.12

（3）画条料长和宽度尺寸,点击 ![矩形]按钮,画出如图2.2.13所示的图形和尺寸约束。点击 ![投影曲线],依次选择图形窗口中的六边形的边,按 ![确定],得到如图2.2.14所示的轮廓。

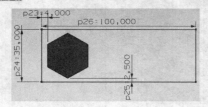

图2.2.13

图2.2.14

（4）复制移动轮廓曲线,点击主菜单中"编辑"—![变换(N)...],选择图形窗口中刚建立的六边形轮廓,单击 ![确定] 按钮,在弹出的菜单中选择"平移"—"增量",在"DXC"中输入"30",单击 ![确定] 按钮,在弹出菜单中选择"复制",得到如图2.2.15所示图形。

（5）完成草图后返回到建模界面,隐藏图形窗口中的六边形零件;单击 ![拉伸]按钮,选择图形中的所有轮廓曲线,向下拉伸高度为"2",得到如图2.2.16所示图形。

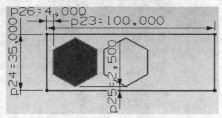

图2.2.15

图2.2.16

（6）将以上图形另存为"paiyang"文件,退出系统。

2. 建立凸模结构

如图2.2.17所示凸模,请在原有产品模型的基础上建模。

（1）单击 ![按钮],在系统弹出菜单中选择任务1中已建的"chongya"零件,单击 ![确定] 按钮,系统进入建模状态。

（2）单击 ![拉伸]按钮,在选择意图中的选择如图2.2.18

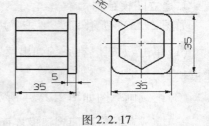

图2.2.17

所示,在图形窗口中选择零件的上表面,设置向上拉伸高度为"48",布尔方式为"求和",得到如图2.2.19所示的实体。

图2.2.18

（3）单击 ![草图]按钮,选择零件的上平面为放置平面,再单击 ![确定] 按钮,系统进入草图界面,画出如图2.2.20所示图形。

（4）完成草图后返回到建模界面,单击 ![拉伸]按钮,选择意图为"相边曲线",选择刚建立的草

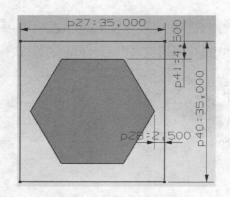

图 2.2.19

图 2.2.20

图轮廓,设置向上拉伸高度为"5",布尔方式为"求和",得到实体如图2.2.21所示;单击 按钮,选择矩形的四边角,取 R 为"5",得到如图2.2.22所示图形。

图 2.2.21

图 2.2.22

（5）将文件另存为"tumo"文件,退出系统。

3. 建立凹模结构

如图2.2.23所示凹模,要求采用新建模型完成实体模型。

（1）单击 按钮,在系统弹出菜单的名称栏中输入"aomo",再单击 确定 按钮,系统进入建模状态。

（2）继续画草图如图2.2.24所示。

（3）完成草图后返回到建模界面,再单击 按钮,选择意图为"相边曲线",并选择刚建立的草图轮廓,设置向下拉伸高度为"20",布尔方式为"无",得到实体如图2.2.25所示。

（4）单击 按钮,选择零件的上平面为放置平面,再单击 确定 按钮,系统进入草图界面,画出如图2.2.26所示图形。

（5）完成草图后返回到建模界面,单击 按钮,选择意图为"相连曲线",选择刚建立的草图轮廓,设置向下拉伸高度为"5",布尔方式为"求差",得到实体如图2.2.27所示（隐藏曲线轮廓）。

（6）单击 按钮,在弹出的菜单中输入如图2.2.28所示的数值;选择图形窗口中的上表面,如图2.2.29所示,单击 确定 按钮,在弹出的定位菜单中选择 ,再选择侧边,输入距离

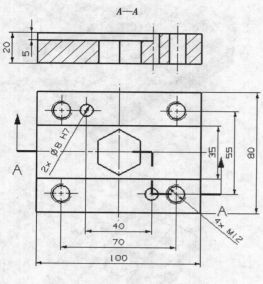

图 2.2.23

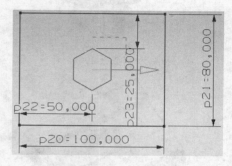

图 2.2.24

图 2.2.25

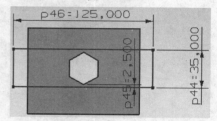

图 2.2.26

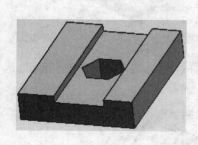

图 2.2.27

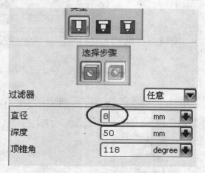

图 2.2.28

为"30",又选择相邻侧边,输入距离为"12.5",单击 确定 按钮,如图 2.2.30 所示;最后得到如图 2.2.31 所示的孔。

(7)重复上一步骤,在图形的另一端建立相同的孔,如图 2.2.32 所示。

(8)继续创建孔,单击 孔 按钮,在弹出的菜单中输入如图 2.2.33 所示数值;选择图形窗口中的上表面,单击 确定 按钮,在弹出的定位菜单中选择 ,选择侧边,输入距离为"15",又选择相邻侧边,输入距离为"12.5",再单击 确定 按钮,得到如图 2.2.34 所示的孔。

(9)单击 按钮,在弹出的对话框中选择"矩形"按钮,然后在过滤器菜单中选择刚建立的

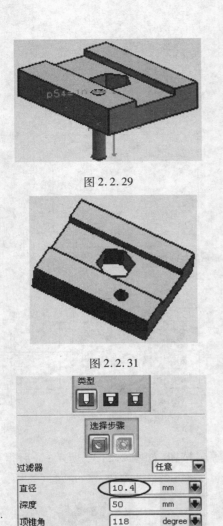

图 2.2.29

图 2.2.30

图 2.2.31

图 2.2.32

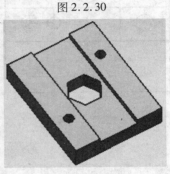

图 2.2.33

图 2.2.34

孔,单击 确定 按钮,在弹出的菜单中输入如图 2.2.35 所示的参数,再单击 确定 按钮,选择"是"得到如图 2.2.36 所示图形。

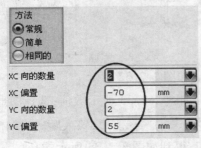

图 2.2.35

图 2.2.36

（10）单击 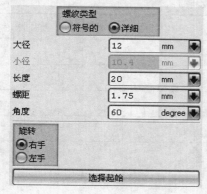 螺纹按钮，在弹出的菜单中设置各参数如图 2.2.37 所示；分别选择刚建立的 4 个孔，选择"应用"，最后得到如图 2.2.38 所示的图形。

图 2.2.37

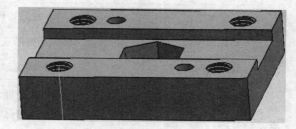

图 2.2.38

（11）保存图形，退出系统。

【任务考评】（以学生自评互评为主,教师综合评定）。

任务实施过程考核评价表(以上步骤)

考评项目		配分	要　求	学生自评	小组互评	教师评定
知识准备	识图	5	正确性			
	基本命令	5	熟悉的程度			
任务完成	建模思路	10	建模思路的正确性考评			
	最佳的建模方案	10	最合理性			
	产品建模	40	建模图形合理性考评,操作过程的规范性、熟练性考评			
	任务实施过程记录	5	详细性			
	所遇问题与解决记录	5	成功性			
文明上机		5	违章不得分			
协调合作,成果展示		15	小组成员的参与积极性、成果展示的效果			
成　绩						

任务三 六边形零件冲裁模各类固定板的建模

【场景设计】

1. 机房的计算机按六边形(或教师根据机房具体情况而定)布置,学生6~8人一组。

2. 机房配置多媒体、教学软件等。

3. 备好考评所需的记录、评价表。

【建模基础】

一、特征定位

成型特征主要是定位在实体上的,用户主要是通过定位方式来确定特征和实体之间的关系。

安放平面:选择已有实体的表面或基准平面作为成型特征的放置平面。

水平参考:定义成型特征放置方向的 X 轴(长度方向)。

定位尺寸:是沿平面安放表面测量的距离值,以确定成形特征在安置平面上的正确位置,如图 2.3.1 所示。

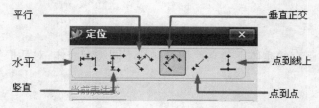

图 2.3.1

注意:所有类型尺寸是在目标边与工具边之间测量的距离值;有效利用垂直正交定位可以代替水平和竖直定位,而不需定位水平参考。

二、孔

UG NX5.0 可在已有的实体上建立一个不同类型的孔,对话框如图 2.3.2 所示。

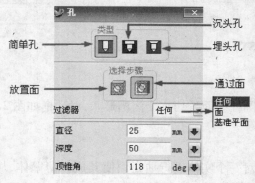

图 2.3.2

简单孔:在实体上打直孔,通过设置孔的直径、高度和顶锥角参数来控制孔的形状。

沉头孔:这是在机械设计过程中经常用到的特征,便于安装沉头螺丝。

埋头孔:先指定埋头孔的平面,然后选定打孔平面,最后设置参数完成孔的创建。

三、凸台(圆台)

UG NX5.0 可在已有的实体上建立圆柱或圆锥,对话框如图 2.3.3 所示。实际上,凸台特征与孔特征都是进行圆柱体和一个实体之间的操作,孔为实体除去一个圆柱体,而凸台为实体添加一个圆柱体。

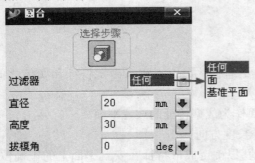

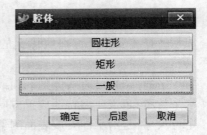

图 2.3.3   图 2.3.4

四、腔体

UG NX5.0 可在已有的实体上建立挖切材料的不同类型腔体,对话框如图 2.3.4 所示。

五、键槽

UG NX5.0 可在实体表面挖切一个键槽形状,对话框如图 2.3.5 所示。

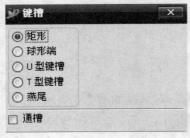

图 2.3.5   图 2.3.6

六、沟槽(退刀槽)

UG NX5.0 可在实体圆柱表面挖切一个沟槽形状,对话框如图 2.3.6 所示。

七、抽壳

UG NX5.0 可以实现对一个实体进行抽壳而使其成为薄壁体,从而在很大程度上省去了挖空实体的诸多设置,对话框如图 2.3.7 所示。

八、螺纹

UG NX5.0可以在圆柱体、孔、凸台等特征表面生成符号螺纹或者详细螺纹,对话框如图 2.3.8所示。

图 2.3.7

图 2.3.8

符号的:该方式主要是可以用虚线符号来表示螺纹。用户选择该方式的时候,系统将占用较小的内存。如果用户不是特别需要设计效果,建议选用该方式。

详细:用户可以利用该方式生成逼真的螺纹,需要注意的是,详细螺纹的参数是全相关的,用户可以修改特征。但是,详细螺纹创建过程比较慢,需要的内存比较大,刷新时间比较长。

【任务过程】

如图2.3.9所示凸模固定板,试用相关特征建模。

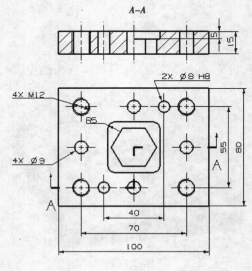

图 2.3.9

1.建立凸模固定板的操作步骤

(1)单击 按钮,在系统弹出菜单中选择前面任务已建的"tumo.prt"零件,再单击 确定按钮,系统进入建模状态。

(2)单击 ⌗ 按钮,选择零件的上平面为放置平面,再单击 确定 按钮,系统进入草图界面,如图 2.3.10 所示。

(3)画草图:按图 2.3.11 所示尺寸画图,完成后退出草图,返回到建模状态。

图 2.3.10

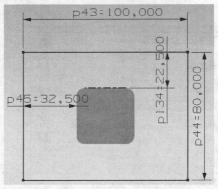

图 2.3.11

(4)单击 拉伸 按钮,选择刚建立的草图曲线,设置向下拉伸距离为"15",布尔运算为"无"。单击 确定 按钮,得到如图 2.3.12 所示图形。

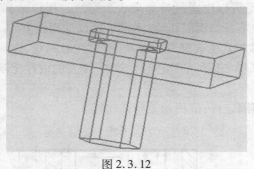

图 2.3.12

(5)求差:单击 求差 按钮,目标体选择长方体,刀具体选择凸模,单击 确定 按钮,得到如图 2.3.13 所示图形。

图 2.3.13

(6)打孔:单击 孔 按钮,在弹出的菜单中输入如图 2.3.14 所示参数;单击 确定 按钮,在弹出的定位对话框中选择 定位,选择长方形边缘距离为"15"和"12.5",再单击 确定 按钮,得到如图 2.3.15 所示孔。

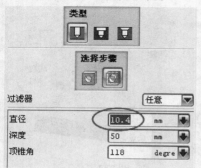

图 2.3.14

图 2.3.15

（7）阵列孔:单击 实例特征 按钮,在弹出的菜单中选择"矩形阵列",然后在弹出的过滤器菜单中选择刚建立的孔,单击 确定 按钮;在弹出的菜单中输入如图 2.3.16 所示参数,单击 确定 和"是"按钮,得到如图 2.3.17 所示图形。

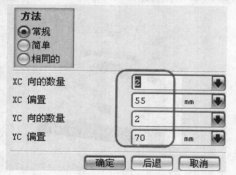

图 2.3.16

图 2.3.17

（8）攻螺纹孔:单击 螺纹 按钮,相关设置如图 2.3.18 所示,分别选择刚建立的四个孔,得到如图 2.3.19 所示图形。

图 2.3.18

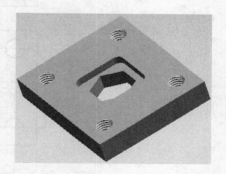

图 2.3.19

（9）打销孔:单击 孔 按钮,在弹出的菜单中输入直径为"8",单击 确定 按钮;在弹出的定位对话框中选择 定位,选择长方形边缘距离为"30"和"12.5",单击 确定 按钮,得到如图

2.3.20 所示孔。用同样的方法在长方体的另一端打孔,如图 2.3.21。

图 2.3.20

图 2.3.21

(10)打卸料钉孔:单击 🔧孔 按钮,在弹出的菜单中输入直径为"9",单击 确定 按钮;在弹出的定位对话框中选择 ⬡ 定位,选择长方形边缘距离为"50"和"12.5",单击 确定 按钮,得到如图 2.3.22 所示孔。以同样方法在另一侧打孔,如图 2.3.23 所示。继续定位打孔,在长方体另一边距离为"40"和"12.5"处打两孔,得到如图 2.3.23 所示图形。

图 2.3.22

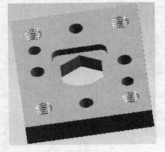

图 2.3.23

(11)将文件另存为"gudingban"名称,退出系统。

2. 垫板建模步骤

如图 2.3.24 所示凸模垫板,试用相关的特征建模。

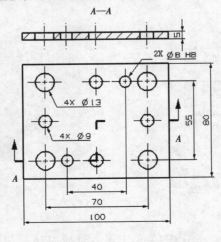

图 2.3.24

64

（1）单击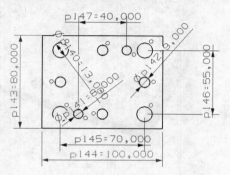按钮，在系统弹出菜单的名称栏中输入"dianban"，单击 确定 按钮，系统进入建模状态。

（2）画草图，如图2.3.25所示。

（3）退出草图，单击 拉伸 按钮，选择意图为"相连曲线"，设置方向向下拉伸高度为"5"，布尔方式为"无"，得到如图2.3.26所示图形。

图2.3.25

图2.3.26

（4）将文件保存，退出系统。

3. 上模座建模步骤

如图2.3.27所示上模座，试用相关的特征建模。

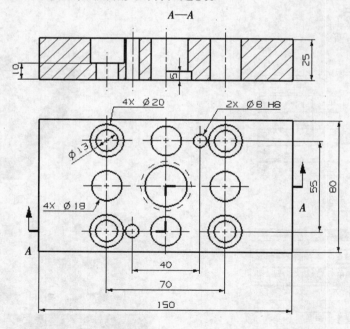

图2.3.27

（1）单击 新建 按钮，在系统弹出菜单的名称栏中输入"shangmozuo"，单击 确定 按钮，系统进入建模状态。

（2）画草图，如图2.3.28所示。

（3）退出草图后，单击![]按钮，选择意图为"相连曲线"后选择刚建立的曲线，并在弹出的对话框中设置厚度方向为"25"，布尔方式为"无"，单击 ![确定] ；继续单击![]按钮，选择意图为"面的边"后选择长方形零件的长度方向的两侧面，设置向外拉伸高度为"25"，布尔方式为"求和"，得到如图 2.3.29 所示图形。

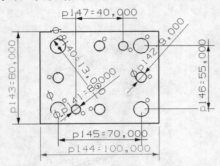

图 2.3.28

图 2.3.29

（4）单击![]按钮，在弹出的菜单中输入如图 2.3.30 所示参数；选择物体的上表面，单击 ![确定] 按钮，在弹出的定位对话框中选择![]定位，选择长方形中孔，如图 2.3.31 所示；在弹出的菜单中选择"圆弧中心"，如图 2.3.32 所示，得到如图 2.3.33 所示的台阶孔。

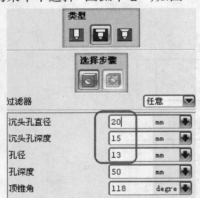

图 2.3.30

图 2.3.31

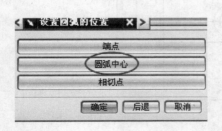

图 2.3.32

图 2.3.33

（5）阵列孔：单击![]按钮，在弹出的菜单中选择"矩形阵列"，在弹出的过滤器菜单中选择刚建立的孔，单击 ![确定] 按钮；在弹出的菜单中输入如图 2.3.34 所示参数，单击 ![确定] 和

"是"按钮,得到如图 2.3.35 所示图形。

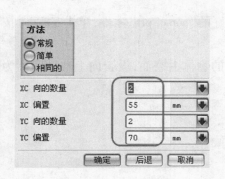

图 2.3.34   图 2.3.35

（6）修改卸料钉孔：双击图形窗口中的卸料钉孔,在弹出的对话框中选择"特征对话框",将孔的尺寸改为"18",最后得到如图 2.3.36 所示图形。

（7）画模柄孔：单击 孔 按钮,在弹出的菜单中输入如图 2.3.37 所示参数,选择物体的下表面后单击 确定 按钮;在弹出的定位对话框中选择 定位,设置长方形的边距离为"75"和"40",得到如图 2.3.38 所示台阶孔。

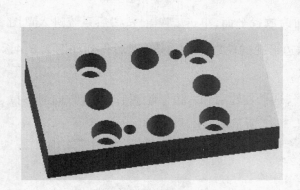

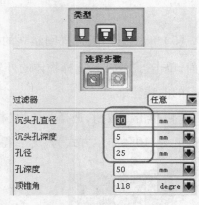

图 2.3.36   图 2.3.37

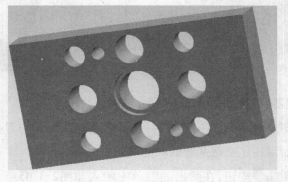

图 2.3.38

（8）将文件保存,退出系统。

4. 弹性卸料板的建模步骤

如图 2.3.39 所示卸料板,试用相关的特征建模。

(1)单击 按钮,在系统弹出菜单中选择前面已建好的"aomo. prt"零件,单击 确定 按钮,系统进入建模状态。

(2)建立基准平面:单击 基准平面 按钮,选择图形窗口中的物体上表面,设置向上移动距离为"5",如图 2.3.40 所示,单击 确定 按钮得到基准平面。

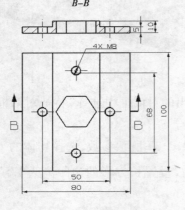

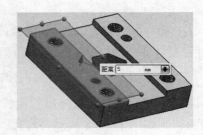

图 2.3.39　　　　　　　　　　　　　　　　　　　　图 2.3.40

(3)单击 草图 按钮,选择刚建立的基准平面为放置平面,单击 确定 按钮后系统进入草图界面;单击 投影曲线 按钮,选择物体的外轮廓和六边形孔的轮廓,单击 确定 后得到如图 2.3.41 所示的曲线轮廓。

(4)单击 拉伸 按钮,选择意图为"相连曲线",选择外轮廓和六边形轮廓后,设置方向向下拉伸高度为"10",布尔方式为"无",得到如图 2.3.42 所示图形。

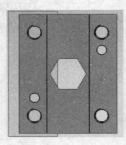

图 2.3.41　　　　　　　　　　　　　　　　　　　　图 2.3.42

(5)打开部件导航器,去掉如图 2.3.43 所示选项。

(6)单击 求差 按钮,选择刚建立的拉伸体为目标体,选择凹模体为刀具体,单击 确定 按钮后得到如图 2.3.44 所示图形(隐藏基准面和曲线轮廓)。

(7)打卸料钉孔:单击 孔 按钮,在弹出的菜单中输入如图2.3.45所示参数;选择物体的下表面,单击 确定 按钮,在弹出的定位对话框中选择 定位,设置长方形的边距离为"15"和"40",得到如图 2.3.46 所示孔,以同样的方法得到另一方向的孔。继续创建另外两边的孔,

68

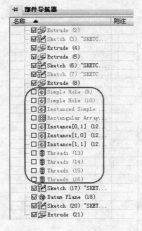

图 2.3.43

图 2.3.44

其定位距离为"15"和"50",最后得到如图 2.3.47 所示图形。

图 2.3.45

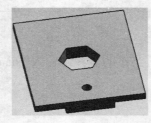

图 2.3.46

图 2.3.47

（8）攻螺纹孔：单击 螺纹 按钮，参数设置如图 2.3.48 所示，分别选择刚建立的四个孔，得到如图 2.3.49 所示图形。

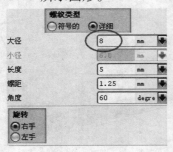

图 2.3.48

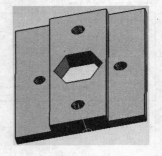

图 2.3.49

（9）将文件名另存为"xieliaoban"，退出系统。

5. 下模座的建模步骤

如图 2.3.50 所示下模座，试用相关的特征建模。

69

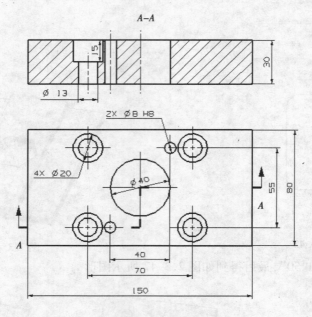

图 2.3.50

（1）单击按钮，在系统弹出菜单的名称中输入"xiamozuo"，单击按钮后系统进入建模状态。

（2）画草图，如图 2.3.51 所示。

（3）单击按钮，选择意图为"相连曲线"，再选择所有的轮廓，设置向下拉伸高度为"30"，布尔方式为"无"，得到如图 2.3.52 所示图形。

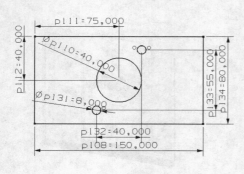

图 2.3.51

图 2.3.52

（4）打紧定螺钉孔：单击按钮，在弹出的菜单中输入如图 2.3.53 所示参数；选择物体的下表面，单击按钮，在弹出的定位对话框中选择定位，设置长方形的边距离为"15"和"40"，得到一个孔，以同样的方法得到另一方向的孔。继续创建另外两边的孔，其定位距离为"15"和"50"，最后得到如图 2.3.54 所示图形。

（5）单击按钮，在弹出的菜单中选择"矩形阵列"，在弹出的过滤器菜单中选择刚建立的孔，单击按钮；在弹出的菜单中输入如图 2.3.55 所示参数，单击和"是"按钮，得到如图 2.3.56 所示图形。

图 2.3.53

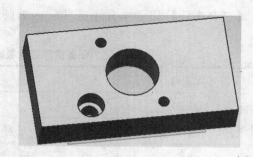

图 2.3.54

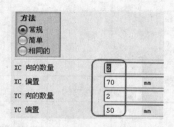

图 2.3.55

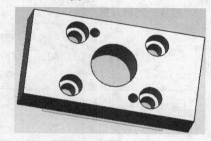

图 2.3.56

（6）将文件名保存,退出系统。

6.模柄的建模步骤

如图 2.3.57 所示模柄,试用成型特征建模。

（1）单击 新建 按钮,在系统弹出菜单的名称栏中输入"mo-bing",单击 确定 按钮后系统进入建模状态。

（2）单击圆柱 按钮,在弹出的菜单中输入如图 2.3.58 所示的参数,应用后得到如图 2.3.59 所示图形;继续在对话框中输入直径为"30"的参数,矢量方向向下,布尔运算为"求和",单击 确定 按钮后得到如图 2.3.60 所示的图形。

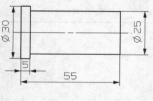

图 2.3.57

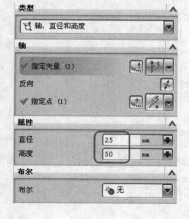

图 2.3.58

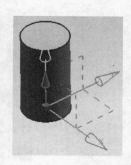

图 2.3.59

图 2.3.60

（3）将文件保存,退出系统。

71

【任务考评】（以学生自评互评为主，教师综合评定）。

任务实施过程考核评价表（以上步骤）

	考评项目	配分	要 求	学生自评	小组互评	教师评定
知识准备	识图	5	正确性			
	基本命令	5	熟悉的程度			
任务完成	建模思路	10	建模思路的正确性考评			
	最佳的建模方案	10	最合理性			
	产品建模	40	建模图形合理性考评，操作过程的规范性、熟练性考评			
	任务实施过程记录	5	详细性			
	所遇问题与解决记录	5	成功性			
文明上机		5	违章不得分			
协调合作，成果展示		15	小组成员的参与积极性、成果展示的效果			
成 绩						

任务四 六边形产品冲裁模的装配

【场景设计】

1. 机房的计算机按六边形(或教师根据机房具体情况而定)布置,学生6～8人一组。
2. 机房配置多媒体、教学软件等。
3. 备好考评所需的记录、评价表。

【建模基础】

一、装配工具条

装配工具条如图 2.4.1 所示。

添加现有组件　创建新父体　配对组件　重定位组件　镜像装配　编辑抑制　编辑布置　爆炸视图　装配序列　转为工作部件　转为显示部件　间隙分析

图 2.4.1

二、装配方法

1. 自顶向下装配

首先设计完成装配体,并在装配图中创建零部件模型,然后再拆成子装配体和单个可以直接用于加工的零件模型。

2. 自底向上装配

首先创建零部件模型,再组合成子装配体,最后生成装配部件。

(1)添加已有组件到装配体中:逐个添加部件到工作部件中作为装配组件,如图 2.4.2 所示。

(2)配对组件:对组件进行定位约束,如图 2.4.3 所示。

图 2.4.2

图 2.4.3

配对按钮 ⋈:两个同类对象位置平面法向相反或柱面一致配对。

对齐按钮 ⋈:两个同类对象位置法线或轴线相同对齐。

角度按钮✕:定义两个具有方向矢量的对象之间的夹角大小。

平行按钮✕:使两个欲配对的对象方向矢量相互平行。

垂直按钮✕:使两个对象的方向矢量相互垂直。

中心按钮✕:使一个对象处于另一个或两个对象的中心。

距离按钮✕:使两个对象之间按指定距离分开。

相切按钮✕:使两个对象在一点或一条直线上相切。

【任务过程】

如图 2.4.4 所示装配图,试作出装配过程。

(1)单击□按钮,系统弹出菜单如图 2.4.5 所示,在名称栏中输入"chongyamo",单击 确定 按钮后,系统进入装配状态的添加组件对话框,如图 2.4.6 所示。

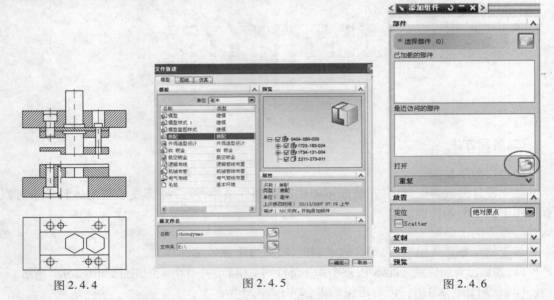

图 2.4.4　　　　　　　　　　图 2.4.5　　　　　　　　　　图 2.4.6

(2)单击对话框中的☞按钮,在弹出的对话框中选择"xiamozuo. prt"文件,单击 确定 按钮得到如图 2.4.7 所示零件。

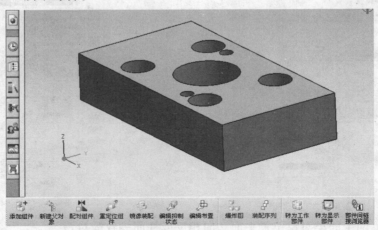

图 2.4.7

（3）单击 添加组件 按钮，同样弹出以上的添加组件对话框，单击对话框中的 按钮，并在弹出的对话框中选择"aomo. prt"文件，单击 确定 按钮，其定位方式选择"绝对原点"方式，再次单击 确定 按钮后得到如图 2.4.8 所示的装配图。

（4）继续添加组件，打开"paiyang. prt"零件，其定位方式选择"配对"方式，单击 应用 按钮，在弹出的菜单中设置如图 2.4.9 所示；单击组件预览图形窗口中的六边形侧边，如图 2.4.10 所示；再单击主图形窗口中的六边形侧边，如图 2.4.11 所示；单击"预览"按钮，得到如图 2.4.12 所示装配；继续选择排样零件中的六边形一边，如图 2.4.13 所示，再选择主图形窗口中的六边形一侧边，如图 2.4.14 所示；单击"预览"和 确定 按钮，得到如图 2.4.15 所示的装配。

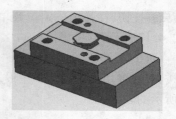

图 2.4.8

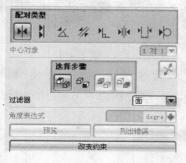

图 2.4.9

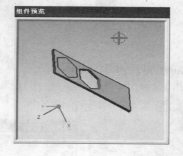

图 2.4.10

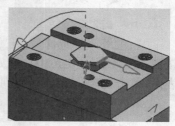

图 2.4.11

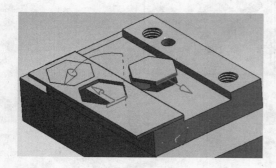

图 2.4.12

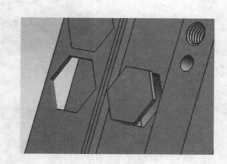

图 2.4.13

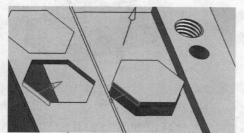

图 2.4.14

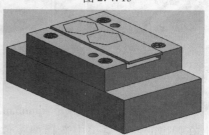

图 2.4.15

（5）继续添加组件，打开"xieliaoban. prt"零件，其定位方式设置为"选择原点"方式，单击按钮,在弹出的定位菜单中输入如图 2.4.16 所示的参数,单击 确定 按钮后得到如图 2.4.17 所示的装配图。

(6)继续添加组件,打开"tumo. prt"零件,其定位方式设置为"选择原点"方式;单击 应用 按钮,在弹出的定位菜单中设置参数:XC = YC = 0,ZC = 20,单击 确定 按钮得到如图 2.4.18 所示的装配图。

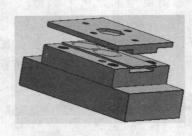
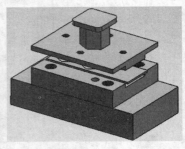

图 2.4.16　　　　　　　　图 2.4.17　　　　　　　　图 2.4.18

(7)继续添加组件,打开"gudingban. prt"零件,其定位方式设置为"配对"方式,单击 应用 按钮,在弹出的 定位中选择如图 2.4.19 所示的边缘;选择 定位,选择如图 2.4.20 所示的上表面,单击 确定 按钮后得到如图 2.4.21 所示的装配图。

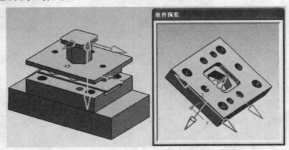

图 2.4.19

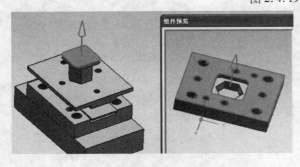

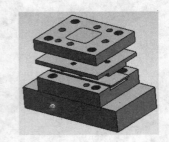

图 2.4.20　　　　　　　　　　　图 2.4.21

(8)继续添加组件,打开"dianban. prt"零件,其定位方式设置为"配对"方式,单击 应用 按钮,在弹出的定位菜单中选择两零件的边缘,单击 确定 按钮后得到如图 2.4.22 所示的装配图。

(9)继续添加组件,打开"shangmozuo. prt"零件,其定位方式设置为"配对"方式,单击

<u>应用</u>按钮,在弹出的定位菜单中选择 ⊮定位和 ⊯定位,单击 <u>确定</u> 按钮后得到如图2.4.23所示的装配图。

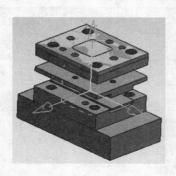

图2.4.22

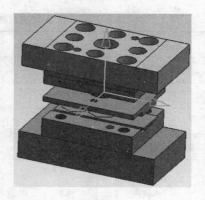

图2.4.23

(10)继续添加组件,打开"mobing. prt"零件,其定位方式设置为"选择原点"方式,单击<u>应用</u>按钮,在弹出的定位菜单中输入参数:ZC = 60,单击 <u>确定</u> 按钮后得到如图2.4.24所示的装配图。

(11)关于销钉、螺丝钉、卸料螺钉的画图和装配比较简单,读者可自行建模和装配。其装配如图2.4.25所示。

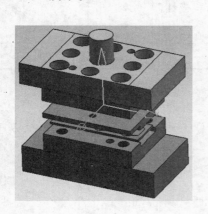

图2.4.24

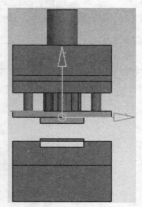

图2.4.25

(12)装配体经爆炸后得到如图2.4.26所示结构(操作略)。

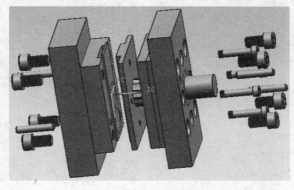

图2.4.26

【任务考评】(以学生自评互评为主,教师综合评定)。

任务实施过程考核评价表(以上步骤)

	考评项目	配 分	要 求	学生自评	小组互评	教师评定
知识准备	识图	5	正确性			
	基本命令	5	熟悉的程度			
任务完成	装配思路	10	装配思路的正确性考评			
	最佳的建模方案	10	最合理性			
	产品装配	40	装配图形合理性考评,操作过程的规范性、熟练性考评			
	任务实施过程记录	5	详细性			
	所遇问题与解决记录	5	成功性			
文明上机		5	违章不得分			
协调合作,成果展示		15	小组成员的参与积极性、成果展示的效果			
成 绩						

练习题二

请完成下图所示的三维建模和冲压模具设计操作。

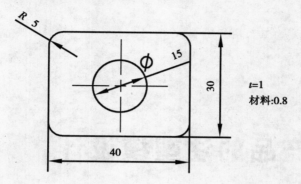

$t=1$
材料:0.8

项目三

手机上盖产品的注塑模设计

【项目描述】 设计如图所示零件的注塑模具,实现主要零件型芯和型腔的自动编程。

1. 创建手机上盖的实体模型。
2. 分析分型情况、分型面、模腔布局。
3. 建立初始化、项目名称、加载产品、单位、材料。
4. 定义坐标系、收缩率、成型镶件、模型校正。
5. 定义分型面。
6. 加入模架。
7. 加入推杆、浇口套、流道、浇口、冷却、建腔。
8. 转换工程图。
9. 型芯和型腔的自动编程。

【项目目标】 完成手机上盖的 3D 建模,完成手机上盖的模具设计及转换工程图,实现模具主要零件型芯和型腔的自动编程。

1. 掌握手机上盖建模的方法。
2. 理解项目初始化。
3. 了解分型工具。
4. 掌握创建分型面的方法。
5. 掌握创建型腔和型芯的方法。
6. 掌握模架的设计。
7. 掌握标准件的设计。
8. 理解转换工程图的方法。
9. 掌握型芯和型腔的自动编程。

【能力目标】

1. 能正确合理地应用 2D 和 3D 建模的常用命令。
2. 能正确进行项目初始化。
3. 能正确应用手机上盖产品注塑模设计分型步骤、技巧。
4. 能正确合理选择模架的类型、主要参数的含义。
5. 能正确合理选择推杆、浇口套、流道、浇口、冷却等标准计的类型。
6. 能正确应用建腔步骤、技巧。
7. 能正确将模具的 3D 图转换工程图的基本能力。
8. 能正确合理选择型腔铣削和轮廓铣削创建几何体、工艺参数、驱动方法等。

任务一　手机上盖建模

【场景设计】

1. 机房的计算机按六边形(或教师根据机房具体情况而定)布置,学生 6~8 人一组。
2. 机房配置多媒体、教学软件等。
3. 备好考评所需的记录、评价表。

【任务要求】　绘制如图 3.1.1 所示产品的 3D 图。

1. 掌握草图曲线绘制。
2. 掌握草图约束。
3. 掌握草图环境设置。
4. 掌握基本成形特征。
5. 掌握常用特征操作。

图 3.1.1

【任务过程】

一、知识准备

1. 手机上盖产品的识图

塑件如图 3.1.2 所示。厚度为 1 mm,塑件材料为 ABS,收缩率为 0.5%,大批量生产。设计其注射模,一模两腔,采用侧浇口进胶,要求完成模具总装配图及转换成工程图(3D);完成模具型腔及型芯的自动编程。

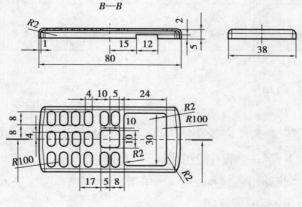

图 3.1.2

2.复习模具设计有关知识并回答问题

（1）当用户在 UG 主菜单条中依次选择了哪些菜单命令后，系统就进入了工程图功能模块，并出现工程图设计界面？

（2）以简短的文字说明 UG NX5.0 塑料产品设计到模具成型零件生成的基本过程。

二、完成任务

1.建模思路的讨论

学生分组讨论手机上盖产品两种建模思路，通过比较确定最佳建模方案，在教师的引导下填写表 3.1.1 的空格处内容 。

表 3.1.1　手机上盖产品两种建模思路的比较

目　标	建模方案	确定最佳的建模方案	备　注

2.实施手机上盖产品建模

（1）草图。

①单击 新建 按钮，建立新文件，在名称栏中输入"mobile"，单击 确定 按钮，系统进入建模状态。依次选择菜单项"开始"—"所有应用模块"—"建模"。

②单击 按钮，系统弹出创建草图菜单，单击 确定 按钮，系统进入草图界面，绘制如图 3.1.3 所示草图，进行约束后完成草图。

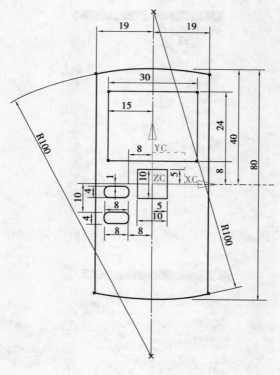

图 3.1.3

（2）拉伸：单击 ▥ 按钮，系统弹出"拉伸"对话框，选择草图曲线，设置距离为 5 mm，单击 确定 按钮，如图 3.1.4 所示。

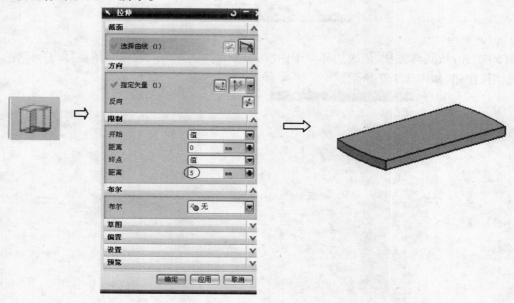

图 3.1.4

（3）边倒圆：单击 ▧ 按钮，系统弹出"边倒圆"对话框，选择边，设置半径为 2 mm，单击 确定 按钮，如图 3.1.5 所示。

图 3.1.5

（4）抽壳：单击 ▣ 按钮，系统弹出"抽壳"对话框，选择面，设置距离为 1 mm，单击 [确定] 按钮，如图 3.1.6 所示。

图 3.1.6

（5）拉伸：依同样方法，依次选择草图曲线，设置距离为 5 mm，设置布尔运算为"求差"，单击"应用"按钮，如图 3.1.7 所示。

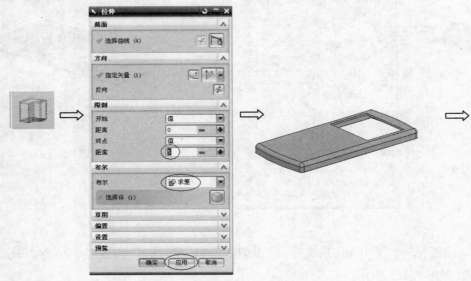

图 3.1.7

(6)矩形阵列:单击 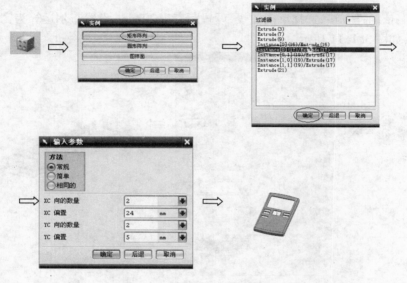 按钮,系统弹出"阵列"对话框,选择"矩形阵列",选择特征,输入参数,单击 确定 按钮,如图 3.1.8 所示。

图 3.1.8

(7)矩形阵列:单击 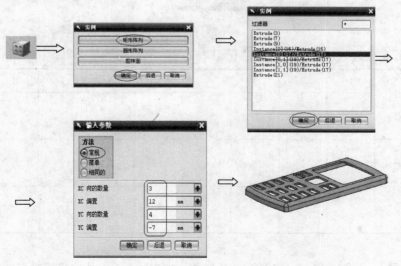 按钮,系统弹出阵列对话框,选择矩形阵列,选择特征,输入参数,单击 确定 按钮,如图 3.1.9 所示。

图 3.1.9

(8)草图:单击 🔡 按钮,系统弹出创建草图菜单,单击 确定 按钮,系统进入草图界面,绘制如图 3.1.10 所示草图,进行约束后完成草图。

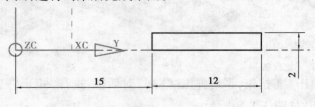

图 3.1.10

(9)拉伸:依同样方法,选择草图曲线,设置距离为 20 mm,设置布尔运算为:"求差",单击"应用"按钮,如图 3.1.11 所示。

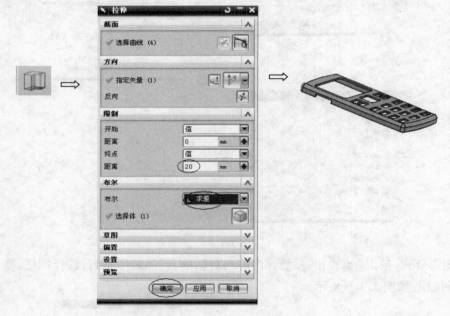

图 3.1.11

(10)任务实施过程所遇问题与解决记录表。

内　容	1	2	3	4	5	6	7	8	9
基本步骤									
所遇问题记录									
解决问题记录									

【知识拓展】 绘制如图 3.1.12 所示五角星的造型。(五角星外接圆直径为 200 mm)

(1)选择"圆柱",弹出圆柱对话框,画圆柱;

（2）选择"多边形"，弹出多边形对话框，画五边形；

（3）选择"基本曲线"，弹出基本曲线对话框，画五角星曲线；

（4）选择"插入"—"网格曲面"—"直纹面"和"N 边曲面"，弹出直纹面和 N 边曲面对话框，画五角星一个角的五张面；

（5）选择"缝合"，弹出缝合对话框，画五角星一个角的实体；

（6）选择"编辑"—"变换"，选五角星一个角的实体，弹出变换对话框，选择"绕一直线旋转"—"复制"，画出五角星其余四个角的实体；

（7）选择"并"，弹出"并"对话框，按提示画出五角星五边形的造型。

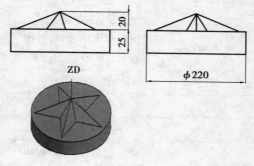

图 3.1.12

【任务考评】（以学生自评互评为主,教师综合评定）

任务实施过程考核评价表（以上步骤）

	考评项目	配 分	要 求	学生自评	小组互评	教师评定
知识准备	识图	5	正确性			
	基本命令	5	熟悉的程度			
任务完成	建模思路	10	建模思路的正确性考评			
	最佳的建模方案	10	最合理性			
	产品建模	40	建模图形合理性考评,操作过程的规范性、熟练性考评			
	任务实施过程记录	5	详细性			
	所遇问题与解决记录	5	成功性			
文明上机		5	违章不得分			
协调合作,成果展示		15	小组成员的参与积极性、成果展示的效果			
成 绩						

任务二 手机上盖初始化与定义

【场景设计】

1. 机房的计算机按六边形(或教师根据机房具体情况而定)布置,学生6~8人一组。

2. 机房配置多媒体、教学软件等。

3. 备好考评所需的记录、评价表。

【任务要求】 将手机上盖产品导入注塑模向导,如图3.2.1所示,为分模作准备。

1. 掌握模具项目名称的定义。

2. 掌握模具加载产品、单位、材料、收缩率。

3. 掌握模具的坐标系的确定。

4. 掌握模具工件尺寸的设计。

5. 掌握模具的布局。

6. 掌握模具工具的应用。

图3.2.1

【任务过程】

一、知识准备

1. 注塑模具设计基础

(1)聚苯乙烯的简称是什么?有什么性质及主要应用于什么产品?

(2)ABS的全称是什么?有什么性质及主要应用于什么产品?

(3)以简短的文字说明UG NX5.0塑料制品设计基本过程。

2. 注塑模向导基础

依次选择菜单项:"开始"—"所有应用模块"—"注塑模向导",弹出如图3.2.2所示工具条。

图3.2.2

二、完成任务

(1)项目初始化:单击 按钮,系统弹出"项目初始化"对话框,设置单位为mm,设置项目路径为"E:\UGLX",项目名为"mobile",确定塑件的材料为"ABS",确定塑料的收缩率为"1.005",如图3.2.3所示。

(2)模具的坐标系CSYS:单击 按钮,系统弹出"模具CSYS"对话框,将模具坐标系的原点放在分型面的中心,如图3.2.4所示。

图 3.2.3　项目初始化　　　　　　　图 3.2.4　模具的坐标系 CSYS

（3）工件尺寸的设计：单击 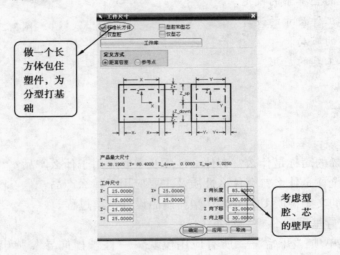 按钮，系统弹出"工件尺寸"对话框，选择标准长方体，设置工件尺寸，如图 3.2.5 所示。

图 3.2.5　工件尺寸的设计

（4）模具的布局：单击⊞按钮，系统弹出"型腔布局"对话框，复选矩形与平衡，开始布局，选刀槽，为后面建腔作准备；自动对准中心，为后面加浇口套作准备，如图 3.2.6 所示。

（5）自动补孔：操作步骤如图 3.2.7 所示。

（6）任务实施过程所遇问题与解决记录表。

内　　容	1	2	3	4	5
基本步骤	项目初始化	模具的坐标系	工件尺寸的设计	模具的布局	模具工具的应用
所遇问题记录					
解决问题记录					

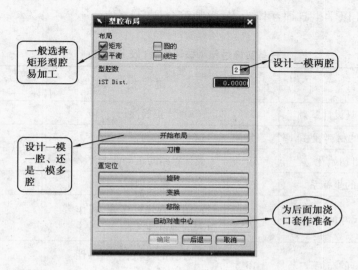

图 3.2.6　模具的布局

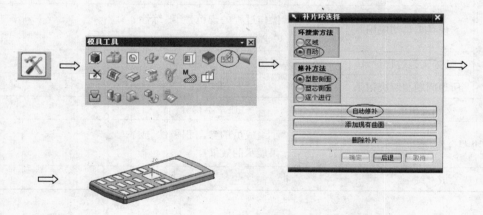

图 3.2.7　自动补孔

【知识拓展】　关于多腔模具布局的应用

在进行模具设计时,如果同一产品进行多腔排布,只需要一次调入产品体,如一模四腔如图 3.2.8 所示。在注塑模向导工具条中单击"型腔布局"按钮，,弹出"型腔布局"对话框。

布局:选择型腔布局的类型

型腔数:定义型腔数目为 4,位置为 30 mm

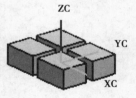

图 3.2.8

91

【任务考评】（以学生自评互评为主，教师综合评定）

任务实施过程考核评价表（以上步骤）

	考评项目	配　分	要　求	学生自评	小组互评	教师评定
知识准备	注塑模具设计基础	5	正确性			
	常用塑料的材料、收缩率	5	熟悉的程度			
任务完成	项目初始化	10	设计思路的正确性考评			
	模具的坐标系	10	最合理性			
	工件尺寸的设计	15	设计图形合理性考评、操作过程的规范性考评			
	模具的布局	15	操作过程的规范性、熟练性考评			
	模具工具的应用	10	操作过程的规范性、熟练性考评			
	任务实施过程记录	5	详细性			
	所遇问题与解决记录	5	成功性			
文明上机		5	违章不得分			
协调合作，成果展示		15	小组成员的参与积极性、成果展示的效果			
成　绩						

任务三　手机上盖分模过程

【场景设计】

1.机房的计算机按六边形(或教师根据机房具体情况而定)布置,学生每6~8人一组。

2.机房配置多媒体、教学软件等。

3.备好考评所需的记录、评价表。

【任务要求】　对如图 3.3.1 所示工件进行分模,这是要求重点掌握的内容。

1.了解设计区域的应用。

2.掌握编辑分型线的方法。

3.掌握添加转换点的方法。

4.掌握创建\编辑分型面的方法。

5.掌握抽取区域和分型线的方法。

6.掌握创建型腔和型芯的方法。

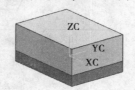

图 3.3.1

【任务过程】

一、知识准备

1.注塑模具设计基础

(1)分型面的形状有_____、_____、_____、_____。

(2)选择分型面的位置时应当注意什么问题?

2.出模斜度、分型情况的塑模部件验证(MPV)

操作步骤如图 3.3.2 所示。

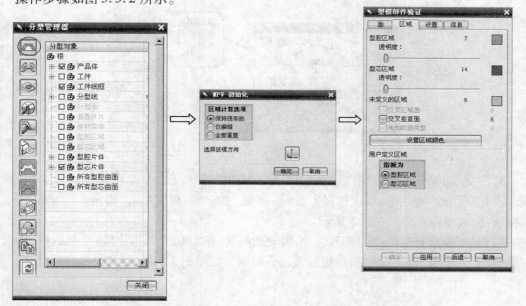

图 3.3.2

二、完成任务

(1)鼠标上盖产品分模:"分型管理器"对话框如图 3.3.3 所示,可按相应的步骤实施手机上盖产品分模。

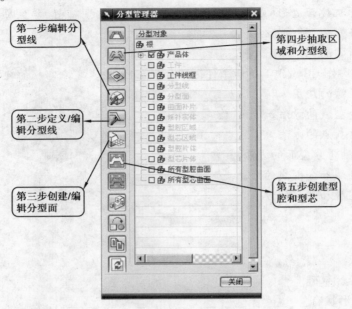

图 3.3.3

(2)编辑分型线:单击"编辑分型线"按钮,弹出"分型线"对话框,再选择"自动搜索分型线",弹出"搜索分型线"对话框,再依次选择"选择体"—"应用"—"确定"—"确定",完成操作。如图 3.3.4 所示。

图 3.3.4

(3)定义/编辑分型线:单击"定义/编辑分型线"按钮,弹出"分型段"对话框;选择"放置过渡点",弹出"点"对话框,依次选择不在同一平面的端点再依次单击"确定"—"确定"—"确定"按钮,完成操作。如图 3.3.5 所示。

(4)创建/编辑分型面:单击"创建/编辑分型面"按钮,弹出"创建分型面"对话框,再选择"有界平面"并单击"确定"按钮,按提示做出分型面。如图 3.3.6 所示。

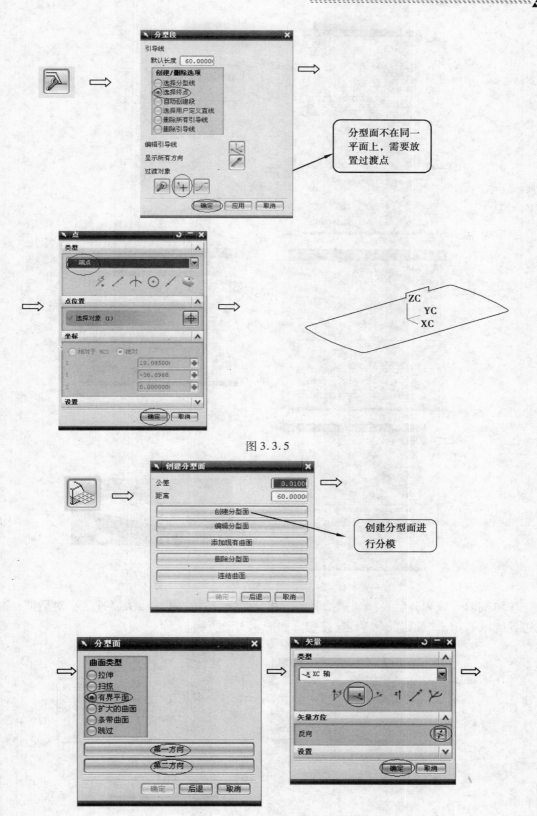

图 3.3.5

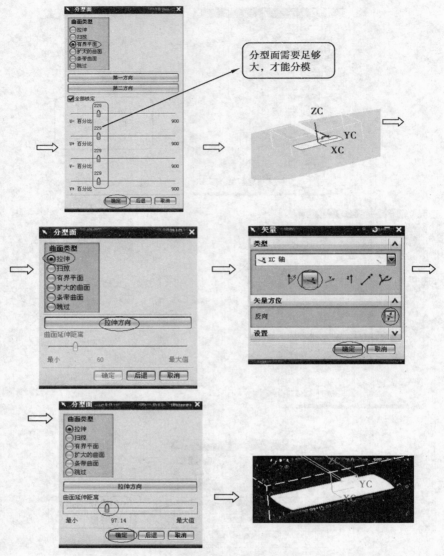

图 3.3.6

（5）抽取区域和分型线：单击"抽取区域和分型线"按钮，弹出"区域和直线"对话框，选择"边界区域"，单击"确定"—"确定"按钮。如图 3.3.7 所示。

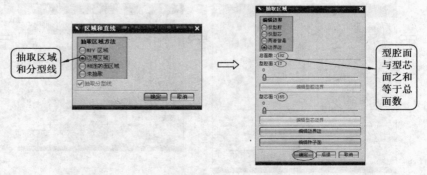

图 3.3.7

（6）创建型腔和型芯：单击"创建型腔和型芯"按钮，弹出"型腔和型芯"对话框，选择"自动创建型腔型芯"，如图3.3.8所示。

图3.3.8

（7）任务实施过程所遇问题与解决记录表。

内　容	1	2	3	4	5
基本步骤	编辑分型线	定义/编辑分型线	创建/编辑分型面	抽取区域和分型线	创建型腔和型芯
所遇问题记录					
解决问题记录					

【知识拓展】　关于编辑分型线的技巧与方法

（1）如图3.3.9所示零件，分型线在圆弧面最大的半径圆上。操作步骤是：单击"编辑分型线"按钮——弹出"分型线"对话框——选择"编辑分型线"——弹出"编辑分型线"对话框——选择圆弧面最大的半径圆——单击"确定"按钮。如图3.3.10所示。

（2）单击"创建/编辑分型面"按钮——弹出"创建分型面"对话框——选择"有界平面"——单击"确定"按钮。如图3.3.11所示。

（3）创建型腔和型芯和抽取区域和分型线如前所述。

分型线在圆弧面最大的半径圆上，不能【自动搜索分型线】

图3.3.9

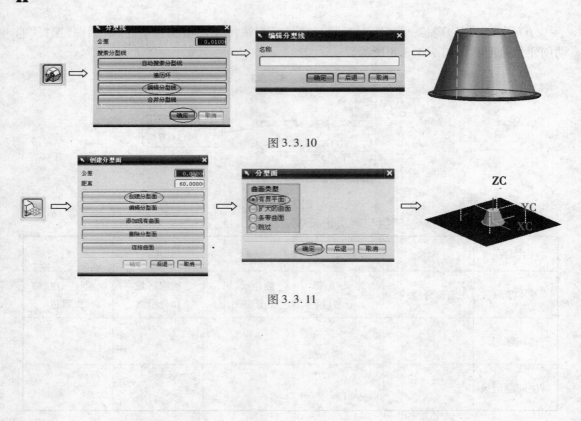

图 3.3.10

图 3.3.11

【任务考评】（以学生自评互评为主,教师综合评定）

任务实施过程考核评价表（以上步骤）

考评项目		配 分	要 求	学生自评	小组互评	教师评定
知识准备	注塑模具设计基础	5	正确性			
	出模斜度、分型情况的塑模部件验证(MPV)	5	熟悉的程度			
任务完成	编辑分型线	20	设计思路的正确性考评			
	创建/编辑分型面	20	操作过程的规范性、熟练性、最合理性考评			
	抽取区域和分型线	10	操作过程的规范性、熟练性考评			
	创建型腔和型芯	10	操作过程的规范性、熟练性考评			
	任务实施过程记录	5	详细性			
	所遇问题与解决记录	5	成功性			
文明上机		5	违章不得分			
协调合作,成果展示		15	小组成员的参与积极性、成果展示的效果			
成 绩						

任务四　手机上盖标准部件设计

【场景设计】

1. 机房的计算机按六边形(或教师根据机房具体情况而定)布置,学生6~8人一组。

2. 机房配置多媒体、教学软件等。

3. 备好考评所需的记录、评价表。

【任务要求】　选择龙记标准模架,如图3.4.1所示。

1. 掌握模架的选择。

2. 掌握定位圈的选择。

3. 掌握浇口套的选择。

【任务过程】

图 3.4.1

一、知识准备

(1)设计注塑模具时,主要考虑到哪几个内部机构?

(2)导套与安装在另一半模上的_____相配合,用以确定_____的相对位置,保证模具运动精度的圆套形零件。

二、完成任务

1. 模架选择

(1)单击"模架"按钮,弹出"模架管理"对话框,依次选择"目录"—"LKM_SG"。

(2)依次选择"类型"—"index"(不合理则重选)。

(3)设计 AP_H、BP_H、Mold_type。如图3.4.2所示。

2. 实施手机上盖产品定位圈选择

单击"标准件"按钮,依次选择"目录"—"DME_MM",再选择"定位圈 Locating Ring",设计尺寸。如图3.4.3所示。

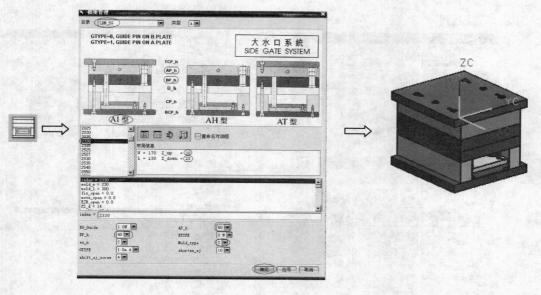

图 3.4.2

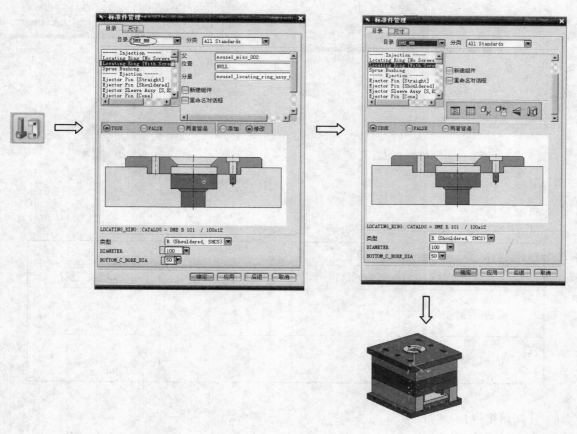

图 3.4.3

3. 浇口套设计

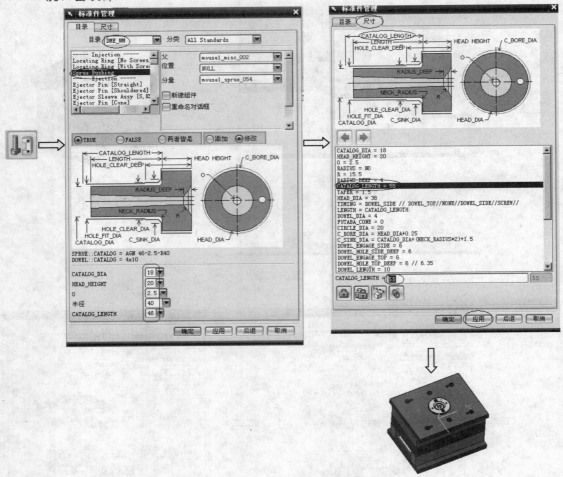

图 3.4.4

4. 任务实施过程所遇问题与解决记录表

内　容	1	2	3
基本步骤	模架的选择	定位圈的选择	浇口套的选择
所遇问题			
解决记录			

【知识拓展】

1. 加入螺钉标准件

加入螺钉标准件:单击"标准件"按钮 🔲,弹出"标准件管理"对话框,如图 3.4.5 所示,选择"SHCS",按提示逐步把螺钉加到所需的位置。

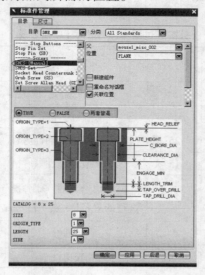

图 3.4.5

2. 加入弹簧标准件

加入弹簧标准件:单击"标准件"按钮 [图] ,弹出"标准件管理"对话框,如图 3.4.6 所示,选择"Springs",按提示逐步把弹簧加到所需的位置。

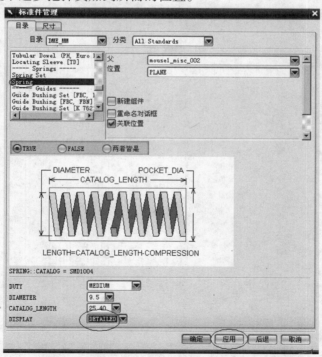

图 3.4.6

【任务考评】（以学生自评互评为主,教师综合评定）

任务实施过程考核评价表（以上步骤）

考评项目		配　分	要　求	学生自评	小组互评	教师评定
知识准备	注塑模具设计基础	5	正确性			
	模架标准的参数	5	熟悉的程度			
任务完成	模架的选择	25	建模思路的正确性考评			
	定位圈的选择	15	最合理性			
	浇口套的选择	20	建模图形合理性考评,操作过程的规范性、熟练性考评			
	任务实施过程记录	5	详细性			
	所遇问题与解决记录	5	成功性			
文明上机		5	违章不得分			
协调合作,成果展示		15	小组成员的参与积极性、成果展示的效果			
成　绩						

任务五　手机上盖顶出设计

【场景设计】

1.机房的计算机按六边形(或教师根据机房具体情况而定)布置,学生6~8人一组。

2.机房配置多媒体、教学软件等。

3.备好考评所需的记录、评价表。

【任务要求】　设计顶杆、拉料杆的尺寸及位置,如图3.5.1所示。

1.掌握推杆的选择

2.掌握拉料杆选择

3.掌握推杆的后处理

【任务过程】

一、知识准备

图3.5.1

(1)深腔结构产品设计时外表面斜度要求_____斜度,以保证注塑时模具型芯_____,得到_____的产品壁厚,并保证产品开口部位的材料_____。

(2)推杆的主要作用是:把_____及_____从型腔中或型芯上脱出。

(3)拉料杆的主要作用是:_____,_____。

二、完成任务

1.顶杆尺寸的选择

单击"标准部件"按钮,依次选择"DME_MM"—"Ejector Poc"—"POINT"—"CATALOG_DIA"—"CATALOG_LENGTH",单击"应用"按钮后设计6点位置,6个点坐标为(-52,35,0),(-32,35,0),(-49,-7.5,0),(-36.5,-7.5,0),(-36.5,-36,0),(-49,-36,0)。如图3.5.2所示。

 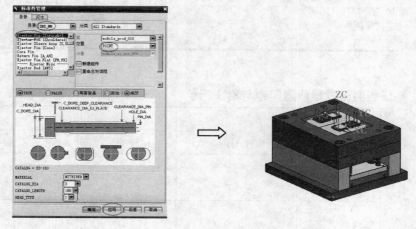

图3.5.2

2. 顶杆的后处理

单击"顶杆"按钮,弹出"顶杆后处理"对话框,依次选择"片体修剪"—"TRUE"—"选择步骤"—"目标体"—"工具片体",最后单击"应用"按钮。如图 3.5.3 所示。

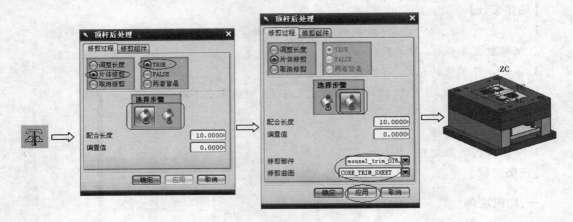

图 3.5.3

3. 拉料杆选择

(1)单击"标准部件"按钮。

(2)依次选择"FUTABA_MM"—"Sprue Puller"—"WCS"—"TRUE",设置"CATALOG_DIA"和"CATALOG_LENGTH"参数,单击"应用"按钮;依次选择"翻转方向"—"重定位"—"尺寸",设置"CATALOG_LENGTH"参数后,单击"应用"按钮。如图 3.5.4 所示。

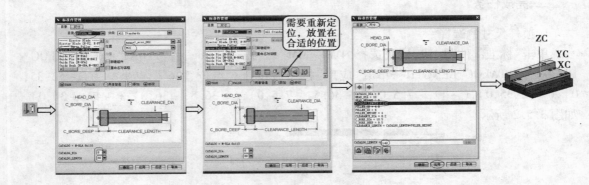

图 3.5.4

4. 任务实施过程所遇问题与解决记录表

内　　容	1	2	3
基本步骤	顶杆的选择	顶杆的后处理	拉料杆选择
所遇问题记录			
解决问题记录			

【**知识拓展**】　加入推板：单击"模架"按钮，弹出"模架管理"对话框，如图3.5.5所示，选择类型后单击"确定"按钮以加入推板到所需的位置。

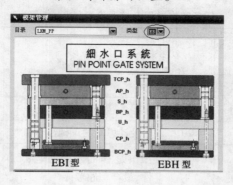

图3.5.5

【任务考评】(以学生自评互评为主,教师综合评定)

任务实施过程考核评价表(以上步骤)

	考评项目	配 分	要 求	学生自评	小组互评	教师评定
知识准备	注塑模具设计基础	5	正确性			
	推杆、拉料杆的作用	5	熟悉的程度			
任务完成	推杆的选择	20	设计思路的正确性考评			
	推杆的后处理	20	操作过程的规范性、熟练性、最合理性考评			
	拉料杆选择	20	建模图形合理性考评,操作过程的规范性、熟练性考评			
	任务实施过程记录	5	详细性			
	所遇问题与解决记录	5	成功性			
文明上机		5	违章不得分			
协调合作,成果展示		15	小组成员的参与积极性、成果展示的效果			
成 绩						

任务六　手机上盖浇注系统设计

【场景设计】

1.机房的计算机按六边形(或教师根据机房具体情况而定)布置,学生6~8人一组。

2.机房配置多媒体、教学软件等。

3.备好考评所需的记录、评价表。

【任务要求】　设计浇口、流道的尺寸及位置,如图3.6.1所示。

1.掌握流道的选择。

2.掌握浇口的选择。

【任务过程】

一、知识准备

图3.6.1

(1)浇注系统的主要作用是使_____平稳有序地填充型腔,并在_____和凝固过程中把注射压力充分传递到各个部分,以获得组织紧密的塑件。

(2)浇注系统的主要由_____、_____、_____组成。

(3)分流道的形状有_____种形式,分别是_____。

(4)浇口的形状有_____种形式,分别是_____。

二、完成任务

1.确定最佳的浇口的尺寸及位置

(1)单击"浇口"按钮,弹出"浇口设计"对话框,依次选择"平衡"—"否"—"位置"—"类型"—"rectangle"—"浇口点表示"—"点子功能"—"点在曲线/边上"—"坐标"—"确定"—"Y轴"—"确定"—"应用"。

(2)按同样的方法选择另一浇口。如图3.6.2所示。

2.确定最佳的流道的尺寸

单击"流道"按钮,依次选择"设计步骤"—"定义引导线串"—"定义方式"—"曲线通过点"—"点子功能"—"选择对象"—"确定"—"设计步骤"—"创建流道通道"—"横截面"—"梯形"—"流道位置"—"型腔"—"确定"。如图3.6.3所示。

3.任务实施过程所遇问题与解决记录表

内　容	1	2
基本步骤	浇口选择	流道选择
所遇问题记录		
解决问题记录		

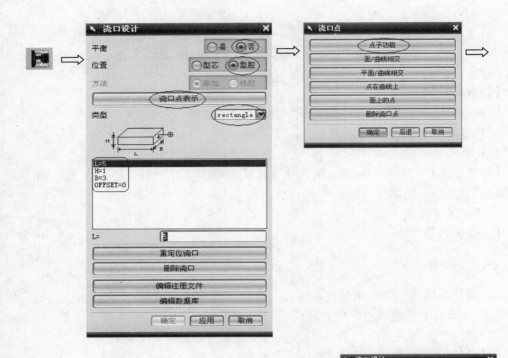

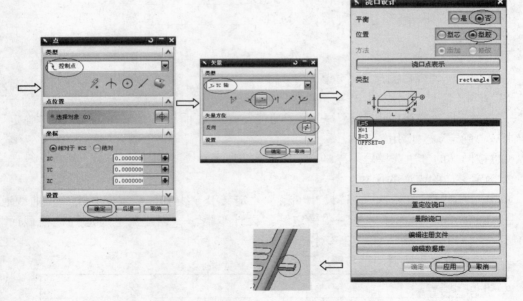

图 3.6.2　浇口选择

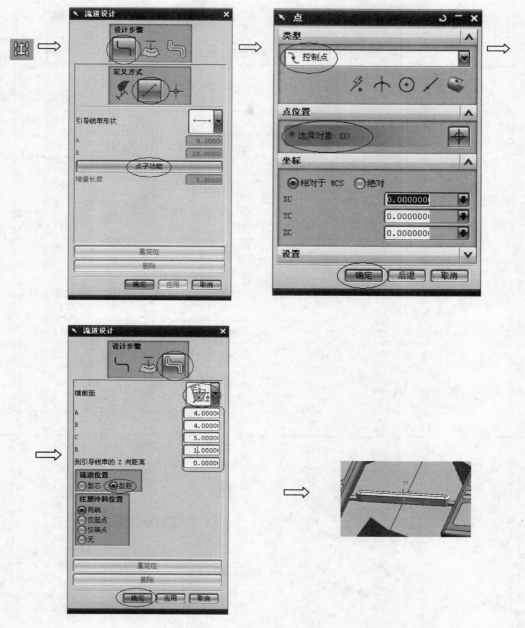

图 3.6.3　流道选择

【知识拓展】

一模四腔加入浇口的方法:按前述方法设计如图 3.6.4 所示 4 个浇口。

加入分流道的方法:按前述方法设计如图 3.6.4 所示 3 个分流道。

图 3.6.4

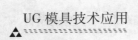

【任务考评】(以学生自评互评为主,教师综合评定)

任务实施过程考核评价表(以上步骤)

考评项目		配 分	要 求	学生自评	小组互评	教师评定
知识准备	注塑模具设计基础	5	正确性			
	流道、浇口的作用	5	熟悉的程度			
任务完成	浇口选择	10	设计思路的正确性考评			
	浇口合理性选择	20	设计图形合理性考评,操作过程的规范性、熟练性、最合理性考评			
	流道选择	30	设计图形合理性考评、操作过程的规范性、熟练性考评			
	任务实施过程记录	5	详细性			
	所遇问题与解决记录	5	成功性			
文明上机		5	违章不得分			
协调合作,成果展示		15	小组成员的参与积极性、成果展示的效果			
成 绩						

任务七　手机上盖冷却系统设计

【场景设计】

1. 机房的计算机按六边形(或教师根据机房具体情况而定)布置,学生6~8人一组。

2. 机房配置多媒体、教学软件等。

3. 考评所需的记录、评价表

【任务要求】　设计冷却系统通道、水嘴的尺寸及位置,如图3.7.1所示。

1. 掌握冷却系统通道设计的方法。

2. 掌握冷却系统标准部件(水嘴)设计的方法。

【任务过程】

一、知识准备

1. 注塑模具设计基础

图 3.7.1

(1)设计注塑模具时,主要考虑到哪几个内部机构?

(2)注射成型周期主要取决于_____,通过降低模温来缩短_____,是提高生产效率的关键。

(3)冷却介质主要有_____、_____、冷冻水、油。

2. 简述冷却系统通道、准部件(水嘴)设计的作用及类型。

二、完成任务

1. 冷却系统通道设计

(1)单击"冷却"按钮,弹出"Cooling Component Design"对话框,依次选择"目录"—"COOLING HOLE"—"位置"—"PLANE"—"PIPE_THREAD"—"M10"—"应用"—"选择一个面"—"重定位"—"应用"—"位置"—"确定"—"点"—"确定"—"尺寸"—"HOLE_1_DEPTH = 100"—"应用",如图3.7.2所示。

(2)其余的冷却系统通道以同样的方法设计。

2. 水嘴设计

单击"冷却"按钮,弹出"Cooling Component Design"对话框,依次选择"目录"—"CONNECTOR PLUG"—"位置"—"WCS"—"PIPE_THREAD"—"M10"—"应用",将水嘴定位在合适的位置。按同样的方法设计另一水嘴,如图3.7.3所示。

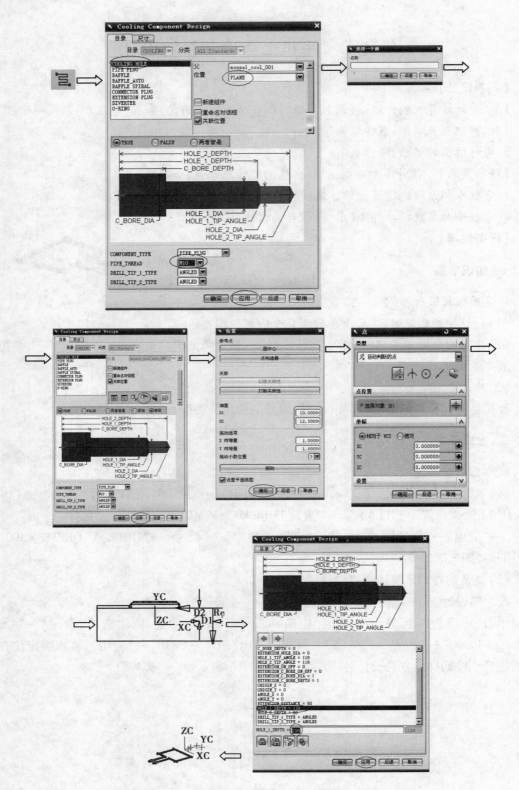

图 3.7.2　冷却系统通道设计

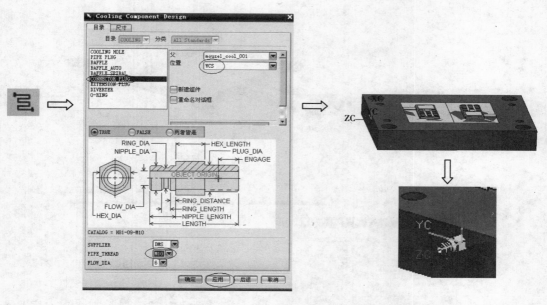

图 3.7.3　水嘴设计

3. 另外一边对称冷却系统通道、水嘴设计(见图 3.7.4)

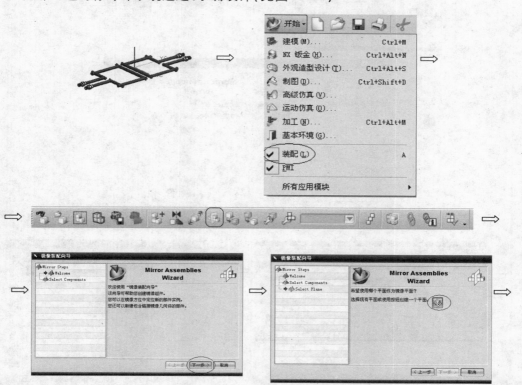

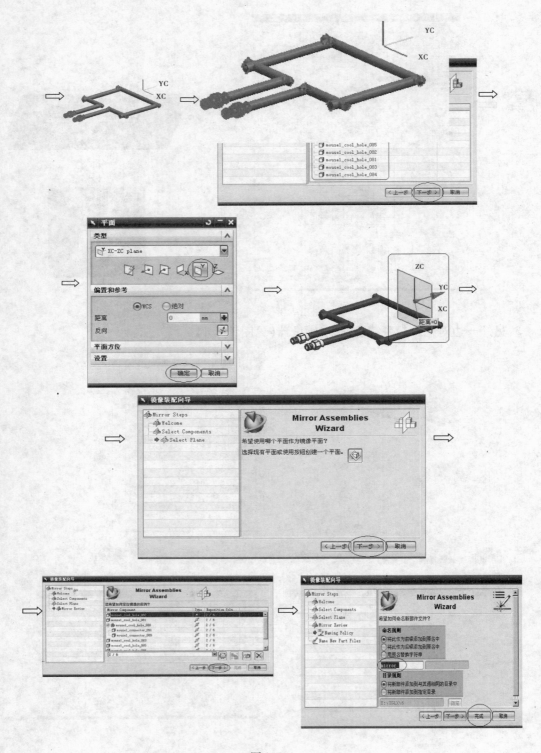

图 3.7.4

116

4. 实施型腔设计

将所有的部件都隐藏,只显示定模板、A 板、定位圈、浇口套,单击"型腔设计"按钮,弹出"腔体管理"对话框,将定模板、定位圈创建为腔体,如图 3.7.5 所示。以同样的方法将其他已创建的部件创建为腔体。

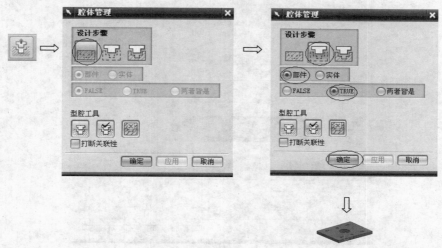

图 3.7.5

5. 任务实施过程所遇问题与解决记录表

内　容	1	2	3	4
基本步骤	冷却系统通道设计	冷却系统标准部件(水嘴)设计	另外一边对称冷却系统通道、水嘴设计	型腔设计
所遇问题				
解决记录				

【知识拓展】

1. 关于加入堵塞的方法

单击"冷却"按钮 ⧉ ,弹出"Cooling Compoment Design"对话框如图 3.7.6 所示,选择"DIVERTER",根据提示逐步设计堵塞,单击"应用"按钮后加入堵塞到所需的位置。

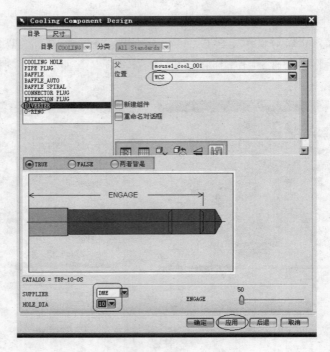

图 3.7.6

2. 关于加入密封圈的方法

单击"冷却"按钮 冃 ，弹出"Cooling Compoment Design"对话框，如图 3.7.7 所示，选择
"O-Ring"，根据提示逐步设计密封圈，单击"应用"按钮后加入密封圈到所需的位置。

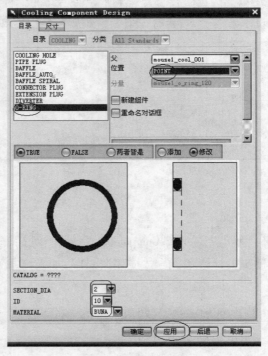

图 3.7.7

【任务考评】(以学生自评互评为主,教师综合评定)

任务实施过程考核评价表(以上步骤)

考评项目		配 分	要 求	学生自评	小组互评	教师评定
知识准备	注塑模具设计基础	5	正确性			
	冷却系统通道作用	5	熟悉的程度			
任务完成	冷却系统通道设计	20	设计思路的正确性、合理性考评			
	冷却系统标准部件(水嘴)设计	10	设计图形合理性考评,操作过程的规范性、熟练性考评			
	另外一边对称冷却系统通道、水嘴设计	10	设计操作过程的规范性、熟练性考评			
	型腔设计	20	操作过程的规范性、熟练性考评			
	任务实施过程记录	5	详细性			
	所遇问题与解决记录	5	成功性			
文明上机		5	违章不得分			
协调合作,成果展示		15	小组成员的参与积极性、成果展示的效果			
成 绩						

任务八　手机上盖模具总装配图

【场景设计】

1. 机房的计算机按六边形(或教师根据机房具体情况而定)布置,学生6~8人一组。

2. 机房配置多媒体、教学软件等。

3. 备好考评所需的记录、评价表。

【任务要求】 将手机上盖模具3D图转换为工程制图,如图3.8.1所示。

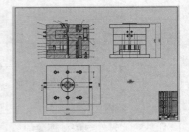

图 3.8.1

1. 理解工程制图转换的方法。

2. 掌握添加基本视图的方法。

3. 掌握添加剖视图的方法。

4. 掌握尺寸标注方法。

5. 掌握技术要求标注方法。

6. 理解标题栏、明细表的标注方法。

【任务过程】

一、知识准备

手机上盖产品的模具总装配图

(1)在 UG 系统中,所有环境生成的文件后缀名统一为_____。

(2)在进行二维工程图转换时,必须充分考虑视图的哪些问题?

(3)创建工程图的主要步骤有哪些?

二、完成任务

1. 添加基本视图

(1)选择"开始"—"制图",弹出"图纸页"对话框,依次选择"标准尺寸"—"大小"—"A0"—"确定"。

(2)单击"添加基本视图"按钮,弹出"基本视图"对话框,依次选择"视图"—"俯视图"—"设置"—"常规"—"角度"—"确定"。如图 3.8.2 所示。

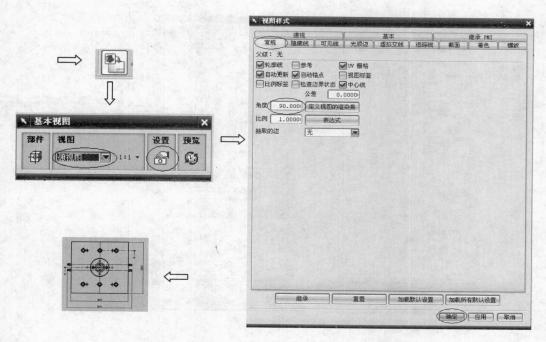

图 3.8.2

2. 添加剖视图的方法

单击"添加剖视图"按钮,弹出"剖视图"对话框,依次选择"父"—"剖视图"—"铰链线"—"剖切线"—"放置视图"—"确定"。如图 3.8.3 所示。

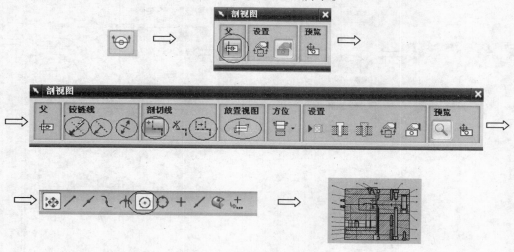

图 3.8.3

3. 尺寸标注方法

单击"自动推断"按钮,弹出"尺寸样式"对话框,依次选择"尺寸"—"直线/箭头"—"文字"—"确定"。如图 3.8.4 所示。

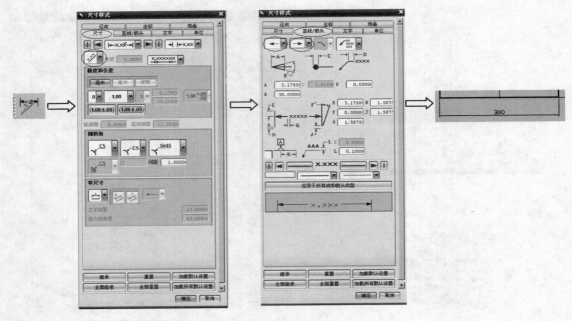

图 3.8.4

4. 序号标注方法(见图 3.8.5)

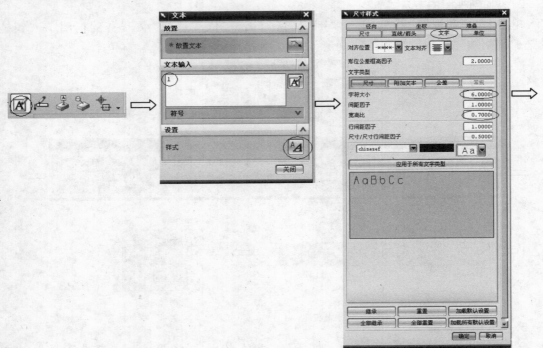

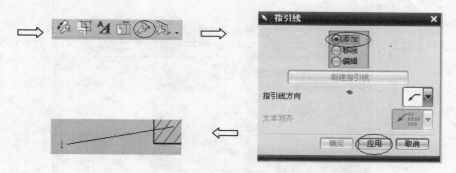

图 3.8.5

5. 标题栏、明细表标注方法

（1）选择"插入表格注释"，选中标题栏后单击右键，依次选择"样式"—"chinesf"，完成相关设置后单击"确定"按钮。

（2）双击表格后输入文字。

（3）明细表按以上同样步骤作出。如图 3.8.6 所示。

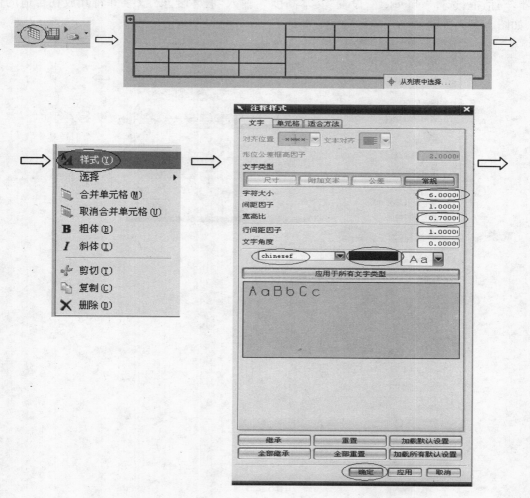

123

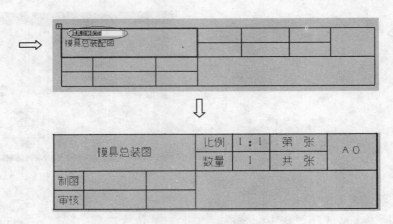

图 3.8.6

6. 技术要求

选择"插入"—"文本"菜单项,弹出"文本"对话框;单击"编辑文本"按钮后弹出"文本编辑器"对话框,选择"chinesef",设置"文本高度",输入"技术要求"汉字并将其放在合适的位置,如图 3.8.7 所示。

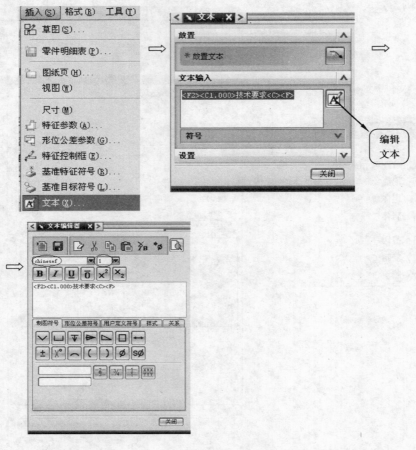

图 3.8.7

7. 任务实施过程所遇问题与解决记录表

内　容	1	2	3	4
基本步骤	添加基本视图的方法	添加剖视图的方法	尺寸标注方法	技术要求、标题栏、明细表标注方法
所遇问题				
解决记录				

【知识拓展】

(1) UG 工程图转换到 CAXA 电子图板中标公差配合、形位公差、技术要求、明细表较方便并且符合国家标准。

(2) 导出的方法:依次选择"文件"—"导出"—"DWG 格式"菜单项,弹出"导出至 DXF/DWG 选项"对话框,如图 3.8.8 所示。

(3) 转换到 CAXA 电子图板中的方法:依次选择"文件"—"打开文件"菜单项,弹出"打开文件"对话框,设置文件类型为 *.dwg。

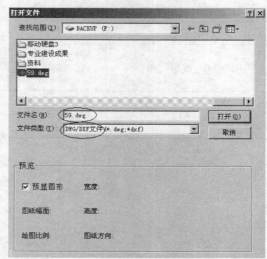

图 3.8.8

【任务考评】(以学生自评互评为主,教师综合评定)

任务实施过程考核评价表(以上步骤)

考评项目		配分	要求	学生自评	小组互评	教师评定
知识准备	注塑模具设计基础	5	正确性			
	3D 图转换工程制图基本命令	5	熟悉的程度			
任务完成	添加基本视图的方法	10	转换工程图思路的正确性考评			
	添加剖视图的方法	10	转换工程图思路的正确性考评			
	尺寸标注方法	20	尺寸标注合理性考评、熟练性考评			
	技术要求、标题栏、明细表标注方法	20	操作过程的规范性、熟练性考评			
	任务实施过程记录	5	详细性			
	所遇问题与解决记录	5	成功性			
文明上机		5	违章不得分			
协调合作,成果展示		15	小组成员的参与积极性、成果展示的效果			
成 绩						

任务九　手机上盖型芯的自动编程

【场景设计】

1. 机房的计算机按六边形(或教师根据机房具体情况而定)布置,学生6~8人一组。

2. 机房配置多媒体、教学软件等。

3. 备好考评所需的记录、评价表。

【任务要求】　编制如图3.9.1所示型腔的数控加工程序。

1. 掌握加工环境、创建操作的选择。

2. 掌握几何体的选择。

3. 掌握刀具、加工坐标系的确定。

4. 掌握工艺参数的选择。

5. 掌握驱动方式的选择。

6. 掌握操作导航器的应用。

7. 掌握后处理的基本方法。

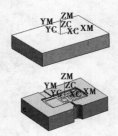

图3.9.1

【任务过程】

一、知识准备

(1)在UG系统中,所有环境生成的文件后缀名统一为_____。

(2)切削用量主要包含_____、_____、_____。

(3)加工工序安排原则主要有哪些?

二、完成任务

1.加工工艺的讨论

手机上盖产品型腔的自动编程,数控加工工艺见表3.9.1。

表3.9.1　数控加工工艺

序号	工　序	刀具	主轴转速 r/min	进给速度 mm/min	切削深度 mm	备注
1	粗铣型腔	D10	2 000	180	2	
2	半精铣型腔	D6R3	2 500	150	0.2	
3	精铣型腔	D4R2	2 500	150	0.1	

2.粗铣型腔基本操作

(1)加工环境、创建操作的选择:

①依次选择"开始"—"加工"—"加工环境"—"mill_contour"—"初始化"。

②单击"创建操作"按钮,弹出"创建操作"对话框,依次选择"操作子类型"—"CAVITY_MILL"—"程序"—"NC_PROGRAM"—"刀具"—"NONE"—"几何体"—"MCS_MILL"—"方法"—"MILL_ROUGH"—"确定",弹出"型腔铣"对话框。如图3.9.2所示。

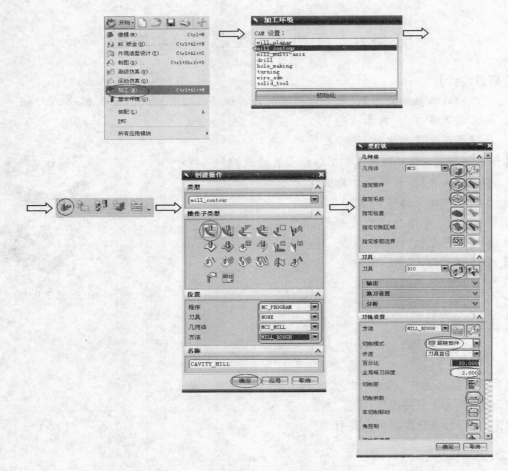

图 3.9.2

（2）加工坐标系的选择：依次选择"几何体"—"新建"—"新几何体"—"几何体子类型"—"MCS"—"名称"—"MCS"—"确定"—"指定 MCS"—"CSYS 对话框"—"确定"—"动态"，确定加工坐标系后单击"确定"按钮。如图 3.9.3 所示。

（3）几何体的确定，见图 3.9.4。

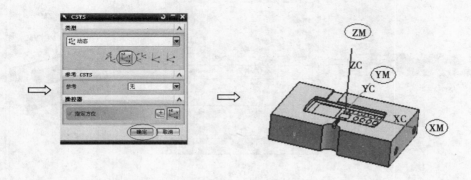

图3.9.3

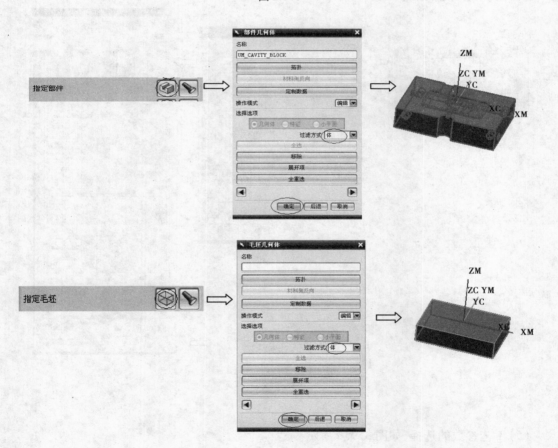

图 3.9.4

（4）刀具的确定，如图 3.9.5 所示。

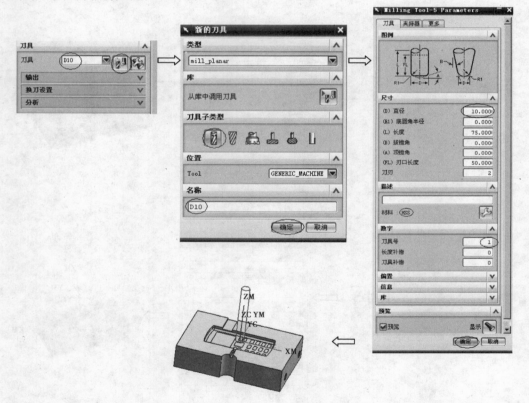

图 3.9.5

（5）工艺参数的选择，如图 3.9.6 所示。

（6）后处理的基本方法，如图 3.9.7 所示。

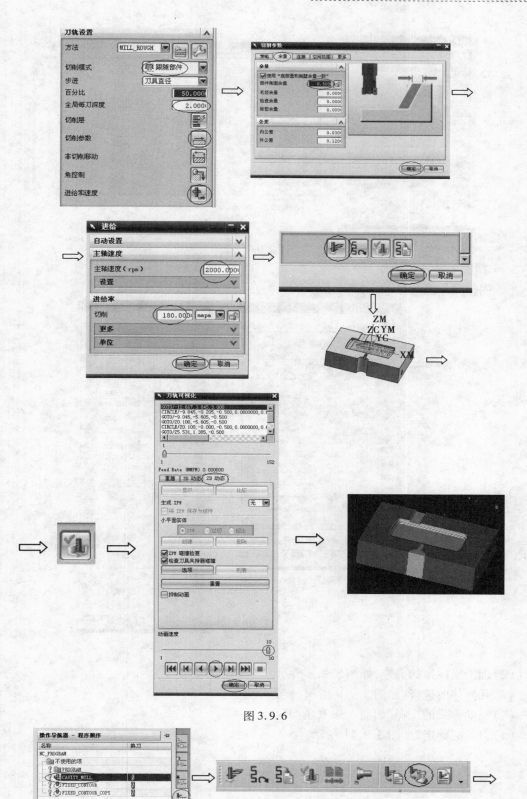

图 3.9.6

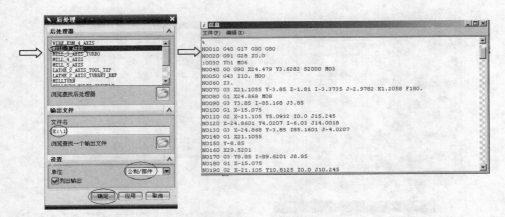

图 3.9.7

3. 半精铣型腔基本操作

（1）创建操作的选择，如图 3.9.8 所示。

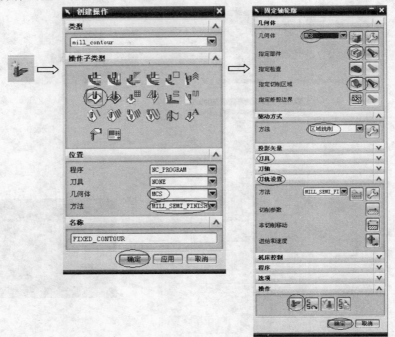

图 3.9.8

（2）加工坐标系的确定，如图 3.9.8 所示。

（3）几何体的选择，如图 3.9.9 所示。

（4）驱动方式的选择，如图 3.9.10 所示。

（5）刀具的确定，如图 3.9.11 所示。

图 3.9.9

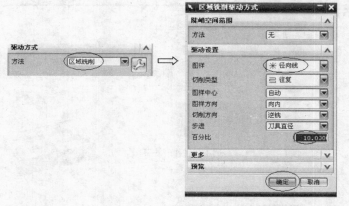

图 3.9.10

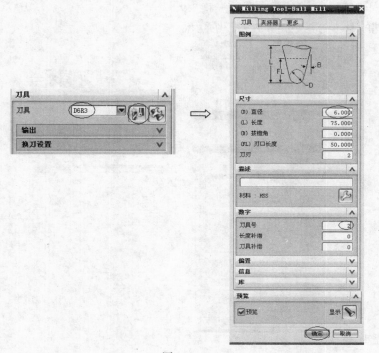

图 3.9.11

（6）工艺参数的选择，如图 3.9.12 所示。

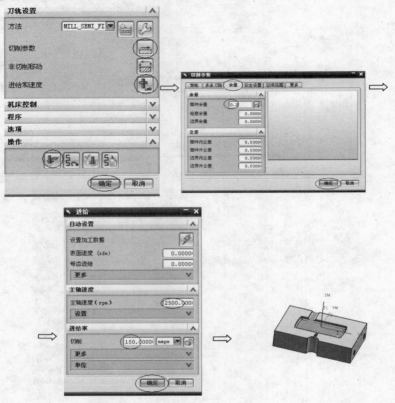

图 3.9.12

（7）后处理的基本方法，如图 3.9.13 所示。

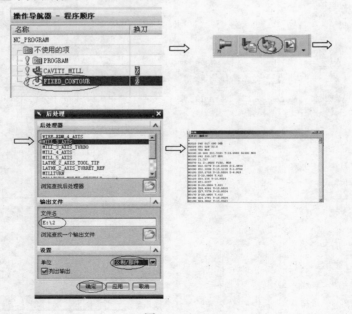

图 3.9.13

4.精铣型腔的基本操作

（1）创建操作的选择，如图 3.9.14 所示。

（2）加工坐标系的确定，如图 3.9.14 所示。

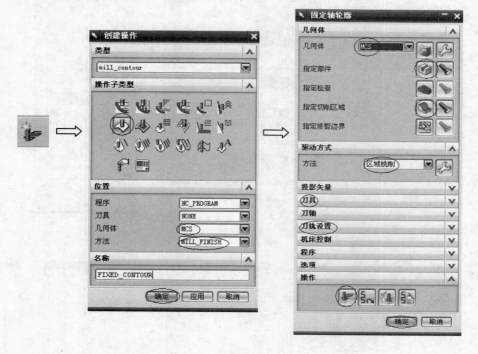

图 3.9.14

（3）驱动方式的选择，如图 3.9.15 所示。

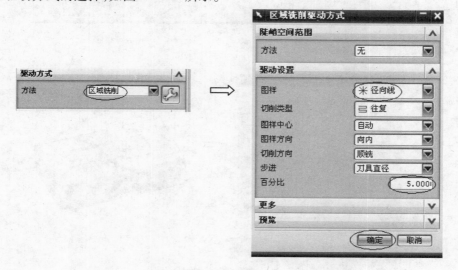

图 3.9.15

（4）刀具的确定，如图 3.9.16 所示。

（5）工艺参数的选择，如图 3.9.17 所示。

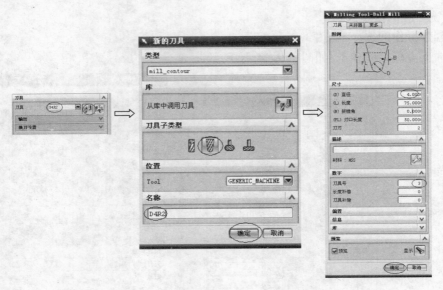

图 3.9.16

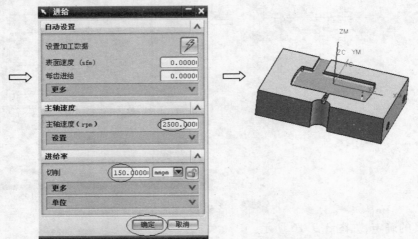

图 3.9.17

（6）后处理的基本方法，如图3.9.18所示。

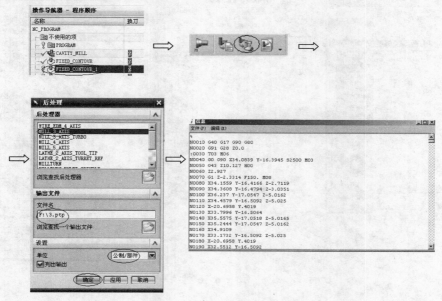

图3.9.18

（7）任务实施过程所遇问题与解决记录表如下所示。

内　容	1	2	3	4	5	6
基本步骤	加工环境、创建操作的选择	几何体的选择	刀具、加工坐标系的确定	工艺参数的选择	驱动方式的选择	后处理的基本方法
所遇问题						
解决记录						

【知识拓展】 关于精铣型芯、清根的自动编程应用技巧

（1）前面已经完成了半精铣型芯的自动编程，可以打开操作导航器，选中"FIXED_CON-TOUR"，单击右键，选择"复制"选项，再单击右键，选择"粘贴"选项，得到精铣型芯"FIXED_CONTOUR_1"。

（2）选中"FIXED_CONTOUR_1"，单击右键，选择"编辑"选项，弹出"固定轴轮廓"对话框，将精铣型芯中的"方法""刀具""切削参数""进给和速度"等重新选择合适的工艺参数，（与半精铣型芯的自动编程的工艺参数不同），即可得到精铣型芯的自动编程，如图3.9.19所示。

（3）清根的自动编程可用同样的方法获得。

这种自动编程方法又快又好，在企业中得到广泛应用。

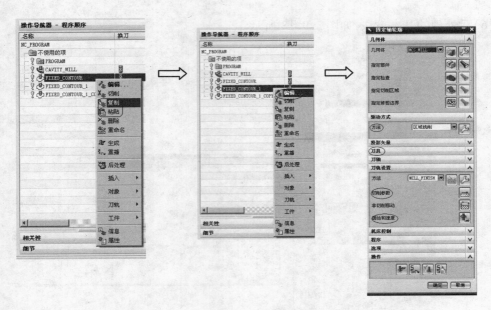

图 3.9.19

【任务考评】（以学生自评互评为主，教师综合评定）

任务实施过程考核评价表（以上步骤）

	考评项目	配分	要求	学生自评	小组互评	教师评定
知识准备	注塑模具设计基础	5	正确性			
	加工工艺的分析	5	熟悉的程度			
任务完成	加工环境、创建操作的选择	5	自动编程思路的正确性考评			
	几何体的选择	5	操作过程的规范性、熟练性考评			
	刀具、加工坐标系的确定	10	自动编程合理性考评、熟练性考评			
	工艺参数的选择	15	自动编程合理性考评、熟练性考评			
	驱动方式的选择	15	自动编程合理性考评、操作过程的规范性考评			
	后处理的基本方法	10	操作过程的规范性、熟练性考评			
	任务实施过程记录	5	详细性			
	所遇问题与解决记录	5	成功性			
	文明上机	5	违章不得分			
	协调合作，成果展示	15	小组成员的参与积极性、成果展示的效果			
	成 绩					

任务十　手机上盖型芯的自动编程

【场景设计】

1. 机房的计算机按六边形(或教师根据机房具体情况而定)布置,学生6~8人一组。

2. 机房配置多媒体、教学软件等。

3. 备好考评所需的记录、评价表。

【任务要求】　编写手机上盖型芯的数控铣削程序,如图3.10.1所示

1. 掌握加工环境、创建操作的选择。

2. 掌握几何体的选择。

3. 掌握刀具、加工坐标系的确定。

4. 掌握工艺参数的选择。

5. 掌握驱动方式的选择。

6. 掌握操作导航器的应用。

7. 掌握后处理的基本方法。

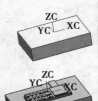

图3.10.1

【任务过程】

一、知识准备

1. 手机上盖产品的型芯的自动编程

(1)MB1、MB2、MB3 在鼠标中分别为_____、_____、_____。

(2)在 UG 系统中,所有环境生成的文件后缀名统一为_____。

2. 简单说明使用 UG NX5.0 CAM 模块的作用。

二、完成任务

1. 加工工艺的讨论

手机上盖产品型芯的自动编程数控加工工艺见表3.10.1。

表3.10.1　数控加工工艺

序号	工　序	刀　具	主轴转速 /(r·min⁻¹)	进给速度 /(mm·min⁻¹)	切削深度/mm	备注
1	粗铣型芯	D12	2 000	180	2	
2	半精铣型芯	D12R6	2 500	150	0.2	
3	精铣型芯	D6R3	2 500	150	0.1	
4	清　根	D6	2 500	150		

2. 粗铣型芯基本操作

(1)加工环境、创建操作的选择,如图3.10.2所示。

(2)加工坐标系的确定,如图3.10.3所示。

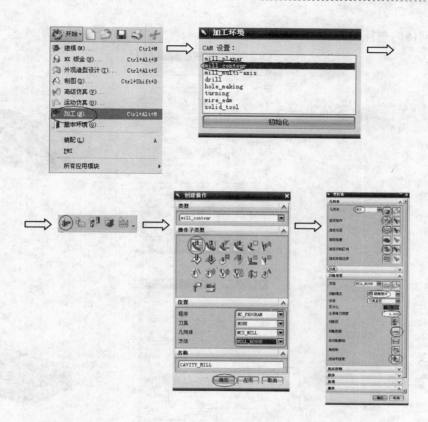

图 3.10.2

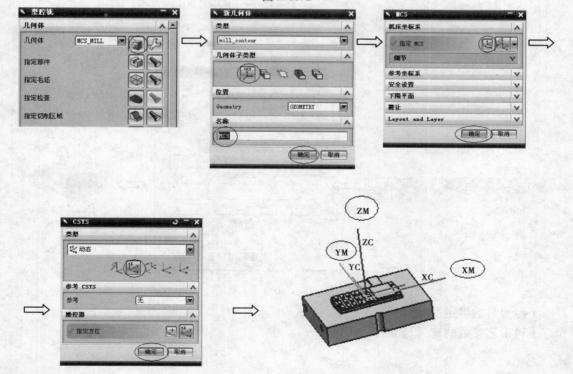

图 3.10.3

（3）几何体的选择，如图 3.10.4 所示。

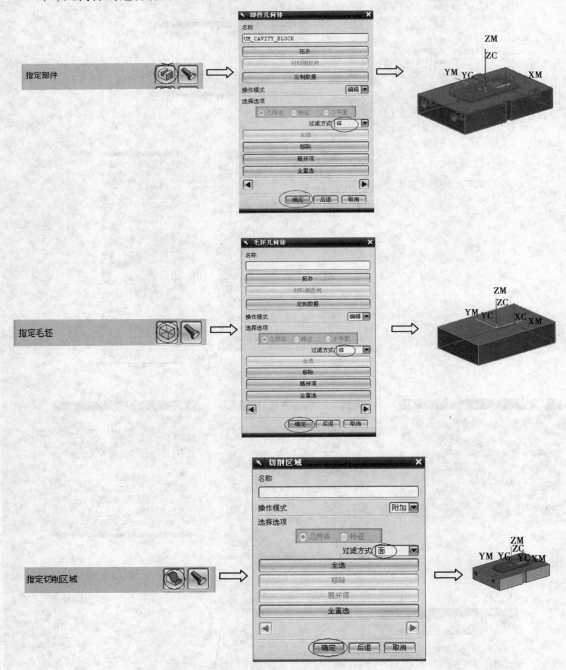

图 3.10.4

（4）刀具的确定，如图 3.10.5 所示。

（5）工艺参数的选择，如图 3.10.6 所示。

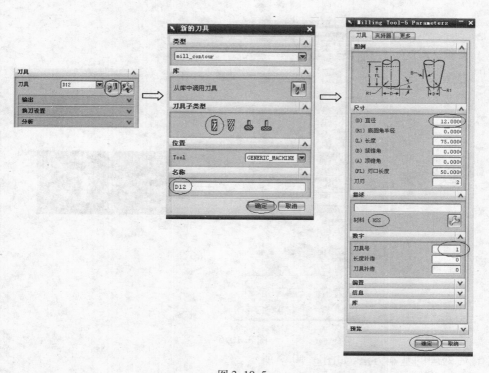

图 3.10.5

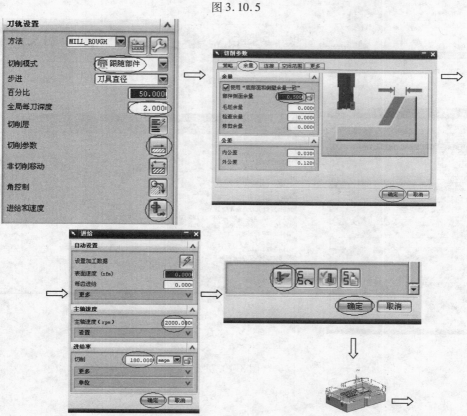

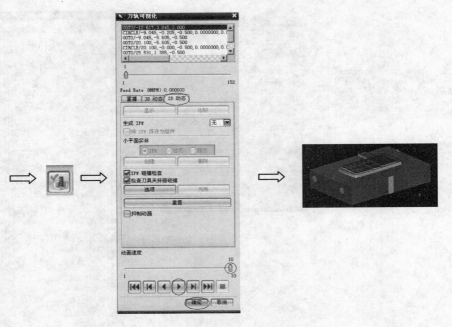

图 3.10.6

（6）后处理的基本方法，如图 3.10.7 所示。

图 3.10.7

3. 半精铣型芯基本操作

（1）创建操作的选择，如图 3.10.8 所示。

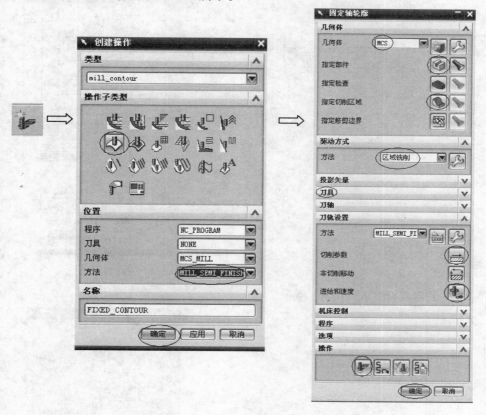

图 3.10.8

（2）加工坐标系的确定，如图 3.10.8 所示。

（3）几何体的选择，如图 3.10.9 所示。

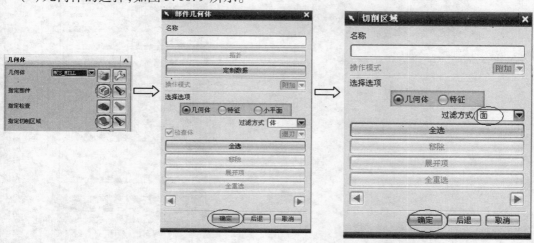

图 3.10.9

（4）驱动方式的选择，如图 3.10.10 所示。

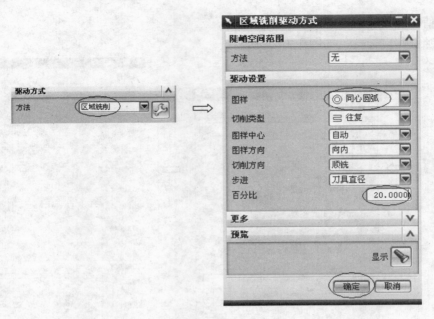

图 3.10.10

（5）刀具的确定，如图 3.10.11 所示。

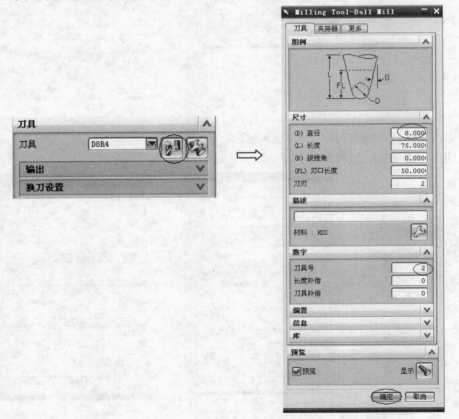

图 3.10.11

(6)工艺参数的选择,如图 3.10.12 所示。

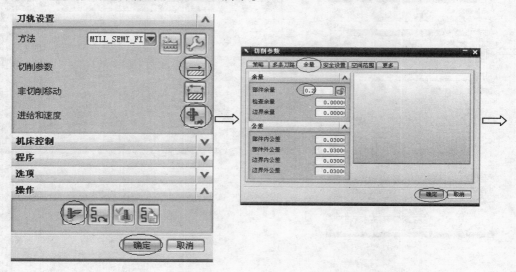

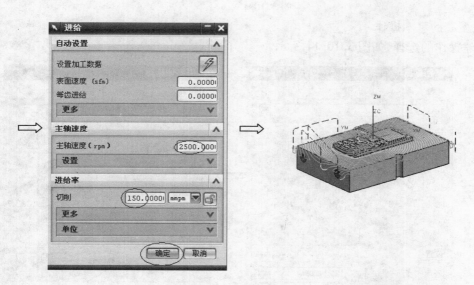

图 3.10.12

(7)后处理的基本方法,如图 3.10.13 所示。

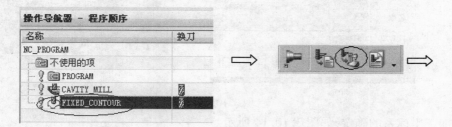

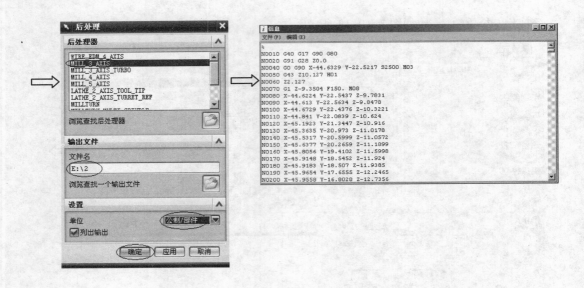

图 3.10.13

4. 精铣型芯的基本操作

(1)创建操作的选择,如图 3.10.14 所示。

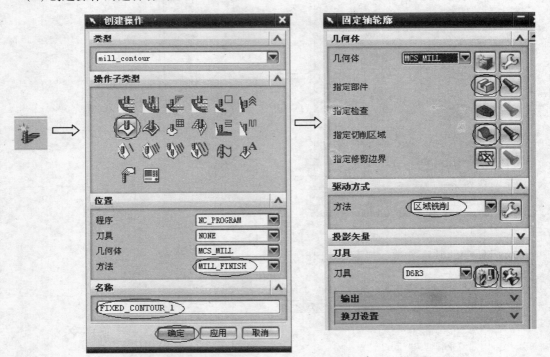

图 3.10.14

(2)加工坐标系的确定,如图 3.10.14 所示。

(3)驱动方式的选择,如图 3.10.15 所示。

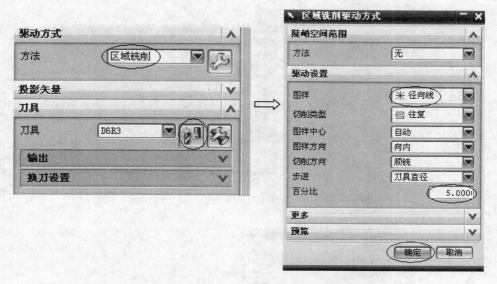

图3.10.15

（4）刀具的确定，如图3.10.16所示。

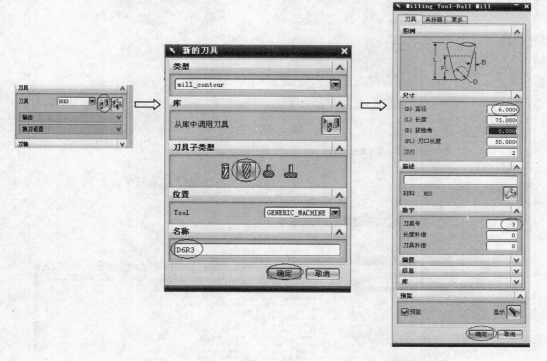

图3.10.16

（5）工艺参数的选择，如图3.10.17所示。

（6）后处理的基本方法，如图3.10.18所示。

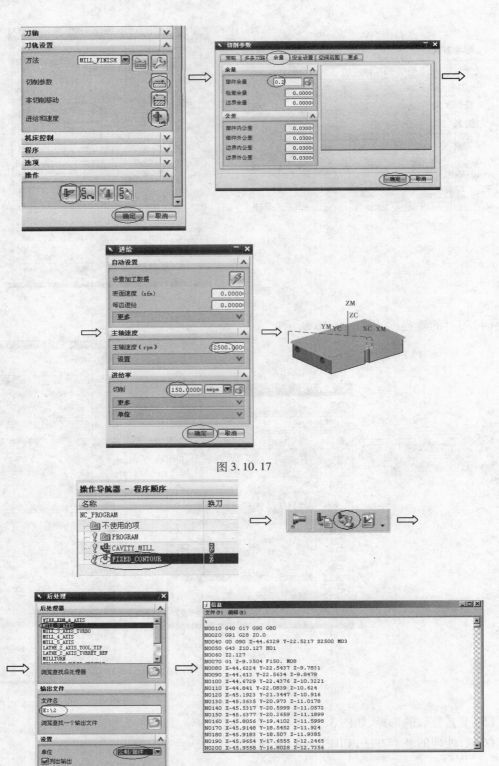

图 3.10.17

图 3.10.18

5. 清根的基本操作

（1）创建操作的选择，如图3.10.19所示。

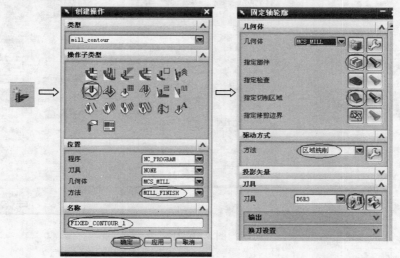

图3.10.19

（2）加工坐标系的确定，如图3.10.19所示。

（3）几何体的选择，如图3.10.9所示。

（4）驱动方式的选择，如图3.10.20所示。

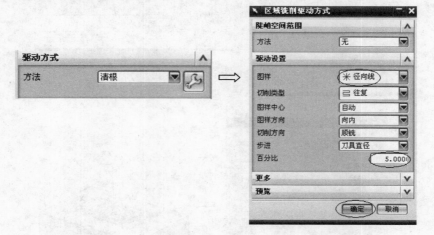

图3.10.20

（5）刀具的确定，如图3.10.21所示。

（6）工艺参数的选择，如图3.10.22所示。

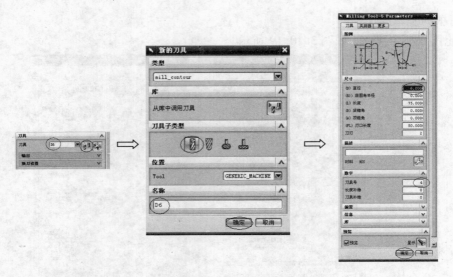

图 3.10.21

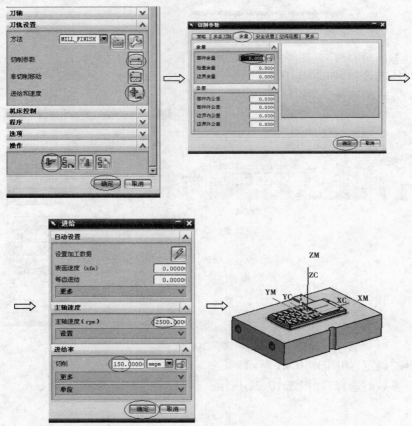

图 3.10.22

（7）后处理的基本方法，如图 3.10.23 所示。

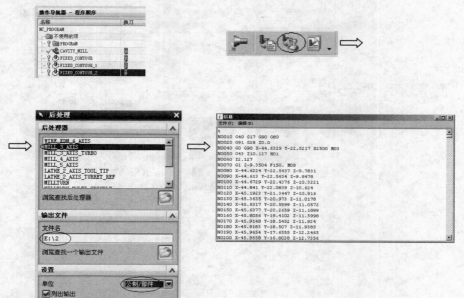

图 3.10.23

（8）任务实施过程所遇问题与解决记录表如下所示。

内　容	1	2	3	4	5	6
基本步骤	加工环境、创建操作的选择	几何体的选择	刀具、加工坐标系的确定	工艺参数的选择	驱动方式的选择	后处理的基本方法
所遇问题						
解决记录						

【知识拓展】　关于电极制作的应用

精铣型芯、清根操作完成之后，还有一些位置没有加工，可以先做出电极，然后在电火花机床上用电极去加工。电极制作的主要步骤是：

（1）单击"电极"按钮，弹出"电极设计"对话框，按图 3.10.24 所示选择参数，根据提示逐步作出。

（2）单击"模具修剪"按钮，弹出"模具修剪管理"对话框，按图 3.10.25 所示选择步骤，根据提示逐步作出。

（3）将作出的电极按前述的方法自动编程。

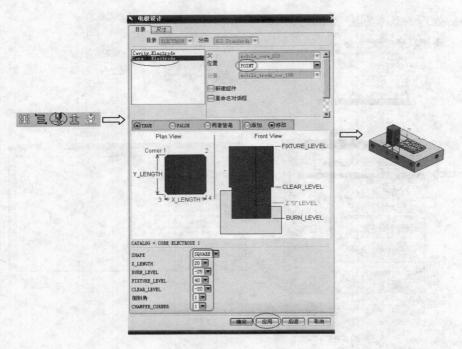

图 3.10.24

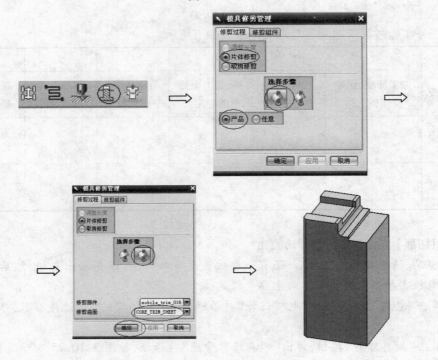

图 3.10.25

【任务考评】（以学生自评互评为主，教师综合评定）

任务实施过程考核评价表（以上步骤）

考评项目		配分	要求	学生自评	小组互评	教师评定
知识准备	注塑模具设计基础	5	正确性			
	加工工艺的分析	5	熟悉的程度			
任务完成	加工环境、创建操作的选择	10	建模思路的正确性考评			
	几何体的选择	10	最合理性			
	刀具、加工坐标系的确定	40	建模图形合理性考评，操作过程的规范性、熟练性考评			
	工艺参数的选择					
	驱动方式的选择					
	后处理的基本方法					
	任务实施过程记录	5	详细性			
	所遇问题与解决记录	5	成功性			
文明上机		5	违章不得分			
协调合作，成果展示		15	小组成员的参与积极性、成果展示的效果			
成　绩						

练习题三

1. 塑件如下图所示。塑件材料为 ABS,收缩率为 0.5%。设计其注射模,一模两腔,采用侧浇口进胶,要求:

（1）完成模具总装配图及转换成工程图（3D）;

（2）完成模具型腔及型芯的自动编程。

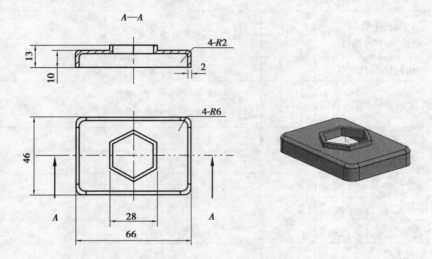

2. 塑件如下图所示,塑件材料为 ABS,收缩率为 0.6%,大批量生产,设计其注射模,一模两腔,采用侧浇口进胶,要求:

（1）完成模具总装配图及转换成工程图（3D）;

（2）完成模具型腔及型芯的自动编程。

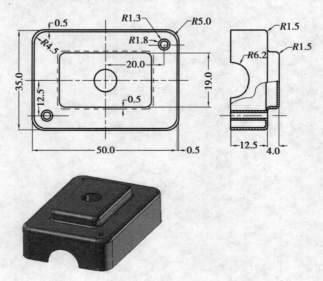

参考文献

[1] 周树锦.CAD/CAM 技术-UG 应用实训[M].北京:中国劳动社会保障出版社,2005.

[2] 陈志刚.冷冲压模具设计[M].北京:机械工业出版社,2003.

[3] 李学锋.模具设计与制造实训教程[M].北京:化学工业出版社,2005.

[4] 屈华昌.塑料成型工艺与模具设计[M].北京:机械工业出版社,2011.

[5] 何华妹.UG NX 4 注塑模具设计实例精解[M].北京:清华大学出版社,2006.

[6] 莫蓉.产品三维 CAD 工具 Nnigraphics NX 基础与应用[M].北京:机械工业出版社,2004.

[7] 王卫兵.UG NX 数控编程实用教程[M].北京:清华大学出版社,2004.

[8] 李志兵,李晓武,朱凯.UG 机械设计习题精解[M].北京:人民邮电出版社,2003.